Adobe创意大学运维管理中心　推荐教材

“十二五”职业技能设计师岗位技能实训教材

Adobe Dreamweaver CS6 网页设计与制作 案例技能实训教程

王玉华　赵　芳　卢向往　编著

北京希望电子出版社
Beijing Hope Electronic Press
www.bhp.com.cn

内容简介

Dreamweaver 是当前主流的网页设计与制作工具。本书以 Dreamweaver CS6 为工具讲解网页制作的基础知识，内容完全贴合网页设计行业的实际岗位需求，是一本全面细致的网页设计与网站建设教程。本书内容丰富、语言流畅，内容涵盖网站建设与网页设计的方方面面，包括网页基础、创建和管理站点、规划网页布局、创建和管理网页链接、创建多媒体网页、创建框架网页、创建表单网页、网页中 CSS 样式的应用、层和行为的应用、网站测试与发布。

本书适合作为各大院校和培训学校相关专业的教材。因其实例内容具有行业代表性，是 Dreamweaver 网页制作方面不可多得的参考资料，也可供相关从业人员参考。

光盘采用了统一的多媒体交互操作界面，提供了与教材内容相对应的大部分教学视频、原始素材和最终效果文件。为方便教学，还为用书教师准备了与本书内容同步的电子课件、习题答案等，如有需要，请通过封底上的联络方式获取。

需要本书或技术支持的读者，请与北京清河 6 号信箱（邮编：100085）销售部联系，电话：010-62978181（总机）、010-82702665，传真：010-82702698，E-mail：bhpjc@bhp.com.cn。

图书在版编目（CIP）数据

Adobe Dreamweaver CS6 网页设计与制作案例技能实训教程 / 王玉华, 赵芳, 卢向往编著. -- 北京 : 北京希望电子出版社, 2014.1

ISBN 978-7-83002-160-3

Ⅰ. ①A… Ⅱ. ①王… ②赵… ③卢… Ⅲ. ①网页制作工具—教材 Ⅳ. ①TP393.092

中国版本图书馆 CIP 数据核字(2013)第 295822 号

出版：北京希望电子出版社
地址：北京市海淀区上地 3 街 9 号
金隅嘉华大厦 C 座 610
邮编：100085
网址：www.bhp.com.cn
电话：010-62978181（总机）转发行部
010-82702675（邮购）
传真：010-82702698
经销：各地新华书店

封面：深度文化
编辑：石文涛　刘　霞
校对：全　卫
开本：787mm×1092mm　1/16
印张：15
字数：356 千字
印刷：北京天宇万达印刷有限公司
版次：2015 年 2 月 1 版 2 次印刷

定价：42.00 元（配 1 张 DVD 光盘）

丛 书 序

《国家"十二五"时期文化改革发展规划纲要》提出，到 2015 年中国文化改革发展的主要目标之一是"现代文化产业体系和文化市场体系基本建立，文化产业增加值占国民经济比重显著提升，文化产业推动经济发展方式转变的作用明显增强，逐步成长为国民经济支柱性产业"。文化创意人才队伍则是决定文化产业发展的关键要素，而目前北京、上海等地的创意产业从业人员占总就业人口的比例远远不及纽约、伦敦、东京等文化创意产业繁荣城市，人才不足矛盾愈发突出，严重制约了我国文化事业的持续发展。

教育机构是人才培养的主阵地，为文化创意产业的发展注入了动力和新鲜血液。同时，文化创意产业的人才培养也离不开先进技术的支撑。Adobe®公司的技术和产品是文化创意产业众多领域中重要和关键的生产工具，为文化创意产业的快速发展提供了强大的技术支持，带来了全新的理念和解决方案。使用 Adobe 产品，人们可尽情施展创作才华，创作出各种具有丰富视觉效果的作品。其无与伦比的图形图像功能，备受网页和图形设计人员、专业出版人员、商务人员和设计爱好者的喜爱。他们希望能够得到专业培训，更好地传递和表达自己的思想和创意。

Adobe®创意大学计划正是连接教育和行业的桥梁，承担着将 Adobe 最新技术和应用经验向教育机构传导的重要使命。Adobe®创意大学计划通过先进的考试平台和客观的评测标准，为广大的合作院校、机构和学生提供快捷、稳定、公正、科学的认证服务，帮助培养和储备更多的优秀创意人才。

北京中科希望软件股份有限公司是 Adobe®公司授权的 Adobe®创意大学运维管理中心，全面负责 Adobe®创意大学计划及 Adobe®认证考试平台的运营及管理。Adobe®创意大学技能实训系列教材是 Adobe 创意大学运维管理中心的推荐教材，它侧重于综合职业能力与职业素养的培养，涵盖了 Adobe 认证体系下各软件产品认证专家的全部考核点。为尽可能适应以提升学习者的动手能力，该套书采用了"模块化+案例化"的教学模式和"盘+书"的产品方式，即：从零起点学习 Adobe 软件基本操作，并通过实际商业案例的串讲和实际演练来快速提升学习者的设计水平，这将大大激发学习者的兴趣，提高学习积极性，引导学习者自主完成学习。

我们期待这套教材的出版，能够更好地服务于技能人才培养、服务于就业工作大局，为中国文化创意产业的振兴和发展做出贡献。

北京中科希望软件股份有限公司董事长　周明陶

前　言

Adobe 公司作为全球最大的软件公司之一，自创建以来，从参与发起桌面出版革命，到提供主流创意工具，以其革命性的产品和技术，不断变革和改善着人们思想及交流的方式。今天，无论是在报刊，杂志、广告中看到的，还是从电影，电视及其他数字设备中体验到的，几乎所有的作品制作背后均打着 Adobe 软件的烙印。

为了满足新形势下的教育需求，我们组织了由 Adobe 技术专家、资深教师、一线设计师以及出版社策划人员的共同努力下完成了新模式教材的开发工作。本教材模块化写作，通过案例实训的讲解，让学生掌握就业岗位工作技能，提升学生的动手能力，以提高学生的就业全能竞争力。

本书共分十个模块：

模块 01　网页基础

模块 02　创建和管理站点

模块 03　规划网页布局

模块 04　创建和管理网页链接

模块 05　创建多媒体网页

模块 06　创建框架网页

模块 07　创建表单网页

模块 08　网页中 CSS 样式的应用

模块 09　层和行为的应用

模块 10　网站测试与发布

本书特色鲜明，侧重于综合职业能力与职业素养的培养，融“教、学、做”为一体，适合应用型本科、职业院校、培训机构作为教材使用。为了教学方便，还为用书教师提供与书中同步的教学资源包（课件、素材、视频）。

本书由王玉华（河南工业大学）、赵芳、卢向往编著，由王国胜负责此书的审定工作。其中 1、2、3、5 章由王玉华编写，4、6、7 章由赵芳编写、第 8、9、10 章由卢向往编写。同时也感谢北京希望电子出版社的鲁海涛对本书付出的辛勤工作，本书才得以顺利出版。再此表示感谢。

由于编者水平有限，本书疏漏或不妥之处在所难免，敬请广大读者批评、指正。

编者

2013 年 10 月

Contents 目录

模块01 网页基础

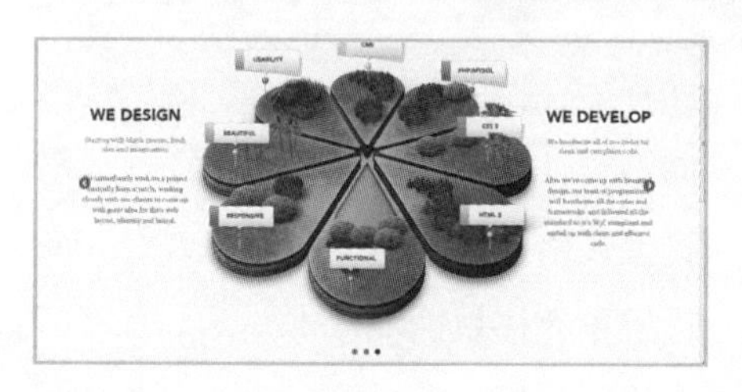

模块02 创建和管理站点

模块03 规划网页布局

模块04 创建和管理网页链接

模块05 创建多媒体网页

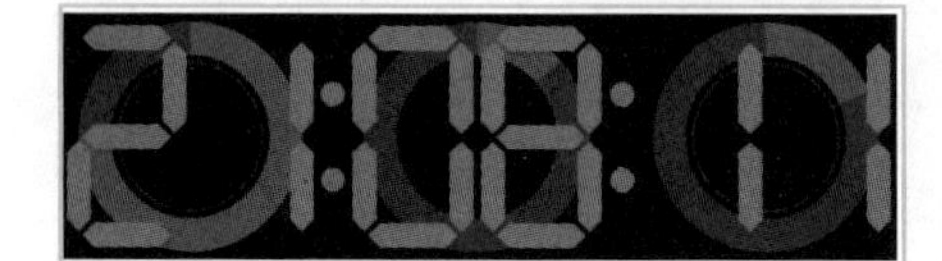

模块06 创建框架网页

模块 07 创建表单网页

模块 08 网页中CSS样式的应用

模块09 层和行为的应用

模块10 网站测试与发布

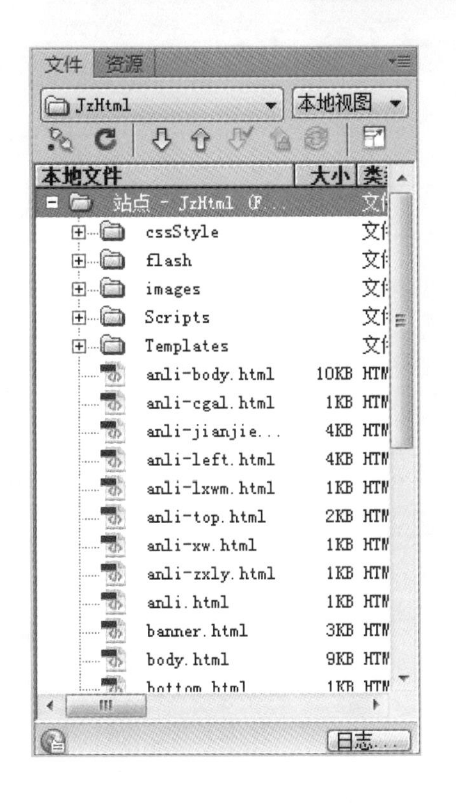

模块01 网页基础

提起网页，相信大家并不陌生。简单地说，网页是构成网站的基本元素，是承载各种网站应用的平台。因此要想学好网站的制作，首先要掌握网页的相关知识，从而为今后更深入的学习奠定良好的基础。

能力目标：

1. 能正确启动和关闭Dreamweaver
2. 自定义界面设置

知识目标：

1. 网页浏览基本原理
2. 了解网页与网站
3. 了解静态网页和动态网页
4. 网站设计制作流程
5. 熟悉Dreamweaver工作界面

课时安排：3课时（讲课2课时，实践1课时）

Dw 知识储备

知识1 欣赏优秀网页作品

在学习的过程中，学习兴趣是最重要的。在此，希望通过欣赏一些优秀的网页作品来激发读者制作网页的兴趣。图1-1～图1-4所示的4个网站制作新颖，界面简洁大方，文字排版结构合理，颜色搭配鲜明。

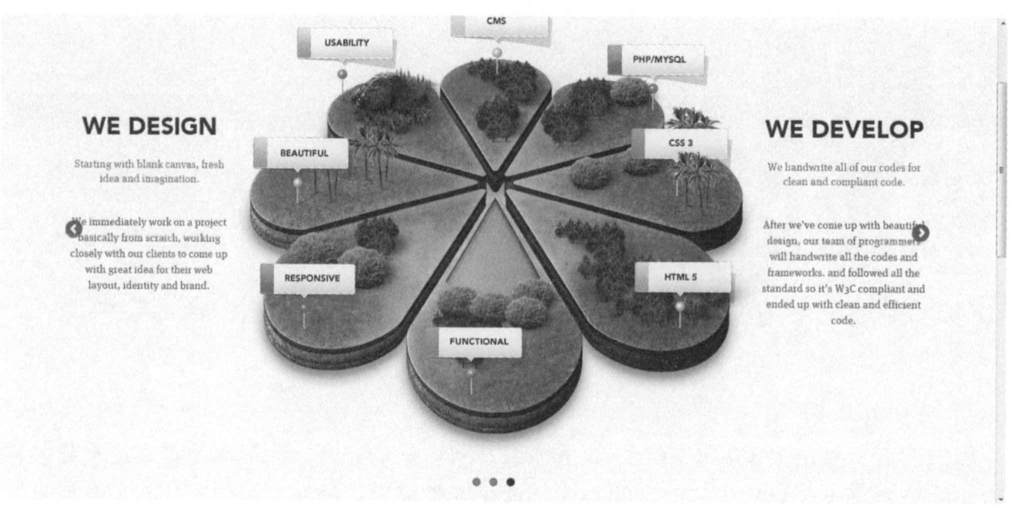
CMS
USABILITY
PHP/MYSQL
WE DESIGN
Starting with blank canvas, fresh idea and imagination.
e immediately work on a project basically from scratch, working closely with our clients to come up with great idea for their web layout, identity and brand.
BEAUTIFUL
CSS 3
WE DEVELOP
We handwrite all of our codes for clean and compliant code.
After we've come up with beautif design, our team of programme will handwrite all the codes and frameworks. and followed all the standard so it's W3C compliant and ended up with clean and efficient code.
RESPONSIVE
HTML 5
FUNCTIONAL

图1-1

portfolio.
agenzia.
contatti.
cerca.
solid/
START!
premi la freccia destra della tastiera per incominciare l'avventura.
siamo un'agenzia di consulenza creativa.
sviluppiamo e gestiamo sistemi d'identità visiva,
progettiamo soluzioni web innovative.
Tweet

图1-2

Pixel Wrapped
ABOUT US
WORK
CONTACT US
BLOG
Drupal
We not only design your website but we build it too! we love Drupal and you'll love it too when we're done.
Illustration
One of the best ways to get your message through is by connecting with your users, what better way to do than creating memorable illustrations that accompany your message.
© 2013 Pixel Wrapped. All Rights Reserved.
About Us
Work
Contact Us
Blog

图1-3

图1-4

关于更多网页作品的欣赏，可以通过互联网进行查看。

知识2　认识网页

1. 网页与网站

首先了解和学习关于网页和网站的相关概念。

（1）网页（Web Page）。

网页是一个文件，可以存放在世界某个角落的某一部计算机中，而这部计算机必须是与互联网相连接的。网页经由网址（URL）来识别和存取，是万维网中的一“页”，是超文本标记语言格式。在日常生活中，访问诸如“新浪”、“网易”、“搜狐”等网站时，访问最直接的就是“网页”。简单地说，网站是由网页组成的，网页是构成网站的基本元素，是承载各种网站应用的平台。

网页是一种网络信息传递的载体，这种媒介的性质与“报纸”、“广播”、“电视”等传统媒体是可以相提并论的。在网络上传递的信息，比如文字、图片甚至多媒体影音，都是存储在网页中的，浏览者通过浏览网页，就可以了解到相关信息了。构建网页的基本元素包括文本、图像、超链接、Flash动画、声音、视频、表格、导航栏、交互式表单等。

网页需要通过网页浏览器来阅读。目前，主流的网页浏览器包括Internet Explorer、Mozilla Firefox、Google Chrome、Opera、Apple Safari、Netscape Navigator、360安全浏览器、遨游、搜狗高速浏览器等。如果想选择不同的浏览器来浏览网页，可以从互联网中搜索并免费下载。在实际操作中可以发现，只要是网页浏览器打开的站点，其显示的都是网页。利

提 示

好网站的几个标准。

第一、安全性好。

通过采用加密、设置口令、设置权限、数据备份等手段，充分保证了系统中数据的完整性和安全性，防止各种非法的操作和意外的破坏。既可保证企业内部数据的正常流通，又为企业对外信息交流提供了可以信赖的手段。

第二、易用。

不论是什么类型的网站，最终都是为客户服务的。所以在设计网站的时候要深谙客户需求，可视化设计、操作简便、界面友好、易学易用。

第三、人性化服务。

一个好的网站首先要设计美观、布局合理、层次分明、能确实反映企业经营规模、形象文化，尤其是特色产品或者说是优势产品信息更应该很好的表现出来。

用IE浏览器打开一个科技公司的网站，首先看到其主页面，如图1-5所示。

图1-5

通常看到的网页，都是以htm或html后缀结尾的文件，俗称HTML文件。不同的后缀，分别代表不同类型的网页文件。比如生成网络页面的脚本或程序CGI、ASP、PHP、JSP甚至其他更多。可以通过菜单命令查看网页的“源代码”。以IE浏览器为例，在当前打开的网页浏览器中，单击“查看”菜单，从下拉菜单中执行“源文件”命令，即可打开一个记事本文件，在该记事本中就可以查看网页的源代码了，如图1-6所示。从中不难看出，网页的代码是由HTML标签和其他内容组成的。

welcome.html - 记事本

文件(F) 编辑(E) 格式(O) 查看(V) 帮助(H)

```
<!DOCTYPE html PUBLIC "-//W3C//DTD XHTML 1.0
Transitional//EN" "http://www.w3.org/TR/xhtml1/DTD/xhtml1
-transitional.dtd">
<html xmlns="http://www.w3.org/1999/xhtml">
<head>
<meta http-equiv="Content-Type" content="text/html;
charset=utf-8" />
<title>无标题文档</title>
<style type="text/css">
body,td,th {
	font-size: 28px;
	color: #F00;
	font-weight: bold;
}
body {
	background-color: #FCC;
	text-align: center;
}
</style>
```

图1-6

网页大致分为两种类型，即静态网页和动态网页。所谓静态网页，即指其内容是预先确定的，并存储在Web服务器或者本地计算机/服务器之上。而动态网页是取决于由用户提供的功能，并根据存储在数据库中的网站上的数据创建的页面。这一点将在后面进行详细介绍。

(2) 网站（Website）。

网站是指在互联网上，根据一定的规则，使用HTML等工具制作的用于展示特定内容的相关网页的集合，它建立在网络基础之上，以计算机、网络和通信技术为依托，通过一台或多台计算机向访问者提供服务。平时所说的访问某站点，实际上访问的是提供这种服务的一台或多台计算机。人们可以通过网页浏览器来访问网站。

通常，网站的基本组成包括域名、空间服务器与程序等。随着科技的不断进步，网站的组成也日趋复杂，多数网站由域名、空间服务器、DNS域名解析、网站程序、数据库等组成。网站的分类有很多种，常见的分类介绍如下：

- 根据网站所用编程语言，可分为asp网站、php网站、jsp网站、Asp.net网站等。
- 根据网站的用途，可分为门户网站、行业网站、娱乐网站等。
- 根据网站的功能，可分为单一网站（企业网站）、多功能网站（网络商城）等。
- 根据网站的持有者，可分为个人网站、商业网站、政府网站、教育网站等。
- 根据网站的商业目的，可分为盈利型网站（如行业网站、论坛）、非盈利性型网站（如企业网站、政府网站、教育网站）。

2. 网页浏览基本原理

互联网的原理非常简单，包括至少两台计算机之间的信息交换，需要信息的计算机称为客户端，提供信息的计算机称为服务器。在客户端上安装的浏览器软件（如IE浏览器）可以向网站的服务器请求浏览自己需要的信息。例如，自己想要购买一款手机，在实际购买之前，可以先通过互联网搜索有关该手机的介绍，查看网友的评论等信息；如果对这款手机比较满意，则可以通过电子商城进行购买。

在这个过程中，提供信息的服务器可以是在公司内部的局域网中，也可以是位于互联网上。浏览器根据服务器文件系统中的名称确定请求的文件，并要求服务器进行发送。当接收到需要的文件后，浏览器会将文件显示给站点访问者。

提 示

网站设计时要注意的事项：

1.清晰的栏目结构和服务引导。

网站栏目设置不要过于复杂、网站导航要清晰统一、网页布局要设计合理，符合客户浏览习惯。

2.信息要及时维护更新。

网站是一个企业对外传递信息与开展服务的重要窗口，因此准确、及时发布商业信息既是一个企业的生命力，也是开展一切商务活动的基础。

3.信息的整合、共享机制。

与行业产品相关的内容多、更新速度快，才能延长客户浏览时间，让他充分了解你、喜欢上你的网站。另外，能够被各大搜索引擎收录及被大型信息平台收录也是一个网站应该考虑的重要性能。

4.丰富灵活的交互功能。

企业建设网站时，除了强调界面视觉效果外，更要注意发挥其特有交互功能，例如留言板、在线订购、短信、即时通讯等等，使其能够能充分起到联系客户、沟通商务、反馈结果等效果。

如果该信息同时要求传送其他文件（如图形、声音、动画或视频文件等），则浏览器会以同样的机制进行处理，下载到客户端供站点访问者浏览，如图1-7所示。

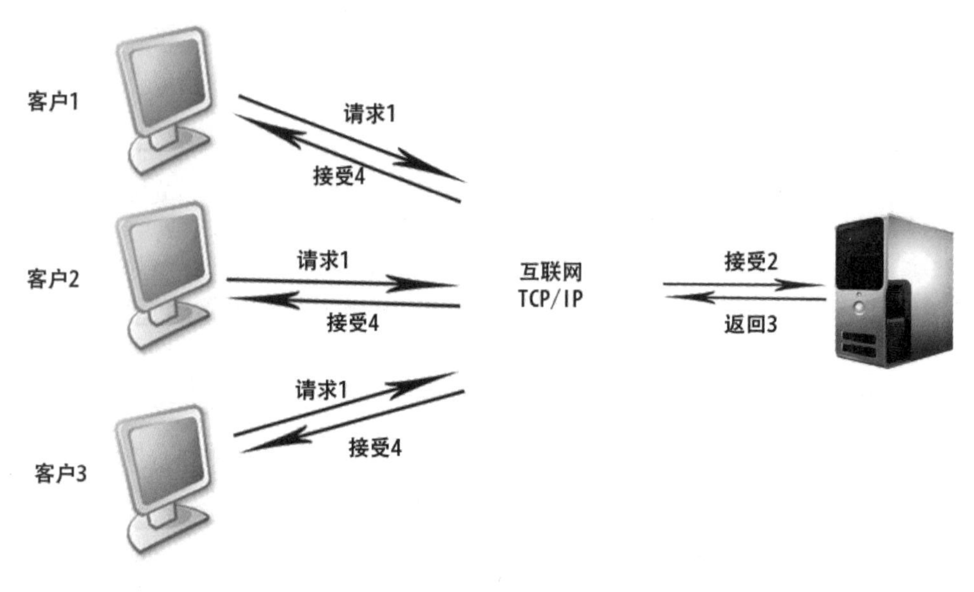

图1-7

3. 静态网页和动态网页

按网页在一个站点中所处的位置可以将网页分为主页和内页。主页又称为首页，是指进入网站时看到的第一个页面，该页面通常在整个网站中起导航作用；内页是指与主页相链接的、与本网站相关的其他页面。

按网页的表现形式可以将网页分为静态网页和动态网页。

静态网页是指网页文件中没有程序，只有HTML代码，一般以.html或.htm为后缀名的网页。静态网页内容不会在制作完成后发生变化，任何人访问都显示一样的内容，如果内容变化就必须修改源代码然后上传到服务器上。

动态网页是指该网页文件不仅具有HTML标记，而且含有程序代码，用数据库连接。动态网页能根据不同的时间、不同的来访者显示不同的内容。动态网站更新方便，一般在后台直接更新。

> **提 示**
>
> 静态的是无数据库支持，动态的需要有相关的数据库支持。但从IE浏览器来看页面表面的内容则无法判断是动态还是静态，即使图片、视频、动画满页飞动的，也有可能是静态的网页，相反，看到页面一动不动的都是些文字或静止不动的图，也有可能是动态的。

4. DNS

DNS即域名服务器（Domain Name Server 或 System），把域名转换成计算机能够理解的IP地址，例如，访问中央电视台的网站（www.cctv.com），DNS就将 www.cctv.com 转换成 IP地址 “210.77.132.1”，这样就可以找到存放中央电视台网站内容的网络服务器了。每一台联网的计算机必定有一个DNS来解析域名。

例如，访问www.baidu.com的过程如下。

STEP 01 将域名送到本地域名服务器上。如果本地域名服务器不是授权域名服务器，则本地域名服务器将该请求送给根域名服务器。

STEP 02 根域名服务器查询后，将 www.badiu.com所在的授权域名服务器的域名及 IP 通知本地域名服务器。

STEP 03 本地域名服务器询问www.baidu.com ，得到它的 IP 地址。

STEP 04 存储 www.baidu.com的IP地址，并将该 IP 送到客户端，由客户端访问。

5. 网站设计工作流程

网站建设最初必须有一个整体的战略规划和目标。首先要规划好网页的大致外观，然后着手设计，当整个网站制作并测试完成后，就可以发布到网上了。下面介绍网站建设的基本流程。

（1）网站需求分析。

规划一个网站，可以先用树状结构把每个页面的内容提纲列出来。尤其是当要制作的网站很大时，特别需要把架构规划好，便于理清层次，同时要考虑到以后的扩充性，避免以后更改整个网站的结构。

① 确定网站主题。网站主题就是网站的主要内容，网站必须有明确的主题。确定网站的主题就是要明确网站设计的目的和用户需求，认真规划和分析，把握主题。为了做到主题鲜明突出、要点明确，需要按照客户的要求，用简单明确的语言和页面来体现网站的主题，然后调动多种手段充分表现网站的个性，突出网站的特点，给用户留下深刻的印象。

② 收集素材。 明确了网站的主题之后就要围绕主题开始收集素材了。素材包括图片、音频、文字、视频和动画等。素材收集得越充分，以后制作网站就越容易。通常可以从图书、报刊、光盘及多媒体中获得素材，也可以自己制作，或者从网上收集。收集好素材后，将其去粗取精，归类整理，以方便使用。

③ 规划网站。一个网站设计得成功与否，很大程度上取决于设计者的规划水平。网站规划包含的内容很多，如网站的用途、网站的结构、栏目的设置、网站的风格、颜色的搭配、版面的布局以及文字图片的运用等。只有在制作网页之

提 示

“需求分析”，就是对网站的设计需求进行详细分析，弄清楚网站设计的目的。

开发人员需要了解顾客的需求，然后体现在网站中。如果说网站开发过程中，开发人员需要了解自己做什么，顾客需要告诉开发人员自己需要什么，而需求分析就是连接开发人员和顾客之间的重要纽带。只有真正理解顾客的需求，才能设计出顾客所需要的网站。

在过去很长一段时间，开发人员认为需求分析是整个开发过程中最简单的一个环节。后来越来越多的开发人员认识到它才是整个开发过程中的核心部分。正所谓“磨刀不误砍柴工”。只有真正理解了顾客的需求，才能顺利开发出顾客真正需要的软件。如果一味追求进度，而忽略需求分析，很可能南辕北辙，使开发变得毫无意义。

前进行了充分的规划，才能在制作时驾轻就熟，使制作出来的网页有个性、有特色、有吸引力。

（2）设计制作网站页面。

网页设计是一个复杂而细致的过程，一定要按照先大后小、先简单后复杂的顺序进行。所谓先大后小，是指在制作网页时，先把整体结构设计好，然后逐步完善小的结构设计。所谓先简单后复杂，是指先设计出简单的内容，然后设计复杂的内容，以便出现问题时易于修改。

在制作网页时要多灵活运用模板和库，这样可以大大提高制作效率。如果很多网页都使用相同的版式设计，则应当为版面设计一个模板，然后以此模板为基础创建网页，今后如果想要改变所有网页的版面设计，只需简单地改变模板即可。

（3）网站发布。

① 域名的申请。域名是网站在互联网上的名字，有了这个名字，才可以在互联网上进行沟通。在全世界，没有重复的域名。域名分为国内域名和国际域名两种，由若干个英文字母和数字组成，并用“.”分隔成几部分，如www.xzjzzn.com就是一个域名。域名具有商标性质，是无形资产的象征，对企业来讲格外重要。

② 开通网站空间。开通网站空间可以采用主机托管和虚拟主机两种类型。其中，主机托管表示将购置的网络服务器托管于网络服务机构，每年支付一定数额的费用。这种方式需要架设一台最基本的服务器，其购置成本可能需要数万元，另外，还需花费一笔相当高的费用来购置配套的软件，聘请技术人员负责网站建设及维护。由于所需费用很高，这种方式不适合中小企业网站。而虚拟主机：使用虚拟主机，不仅节省了购买相关软硬件设施的费用，公司也无须招聘或培训更多的专业人员，因而其成本也较主机托管低得多。不过，虚拟主机只适合于小型的、结构较简单的网站，对于大型网站来说还应该采用主机托管的形式，否则其网站管理将十分麻烦。

目前，网站存放所采用的操作系统只有两大类，一类是UNIX，另一类是微软的Windows XP和Windows 2008。

③ 网站上传。可以将文件从本地站点上传到远端站点，这通常不会更改文件的取出状态。可以使用“文件”面板或文档窗口来上传文件。Dreamweaver在传输期间创建文件活动的日志，同时还会记录所有FTP文件的传输活动。若使用FTP传输文件时出错，则可以借助站点FTP日志来确定问题的所在。

提 示

域名与IP地址是多对一的关系，通常一个网站有一个IP地址，但是可以有多个域名。域名就是为了方便记忆和使用的，比如，通常能够记住 www.qq.com，但不可能去记218.60.11.20。对于一个服务器来说，IP地址是唯一的，但是域名可以有别名，即可以有多个域名。

（4）网站推广。

网站推广是以国际互联网为基础，利用NNT流量的信息和网络媒体的交互性来辅助营销目标实现的一种新型的市场营销方式。互联网的应用和繁荣为人们提供了广阔的电子商务市场和商机，但是互联网上的各种网站数以万计，当完成网站的建设后，如果不进行推广，那么产品与服务在网上仍然不为人所知，起不到建立站点的作用，所以尤其是企业，在建立网站后应立即着手利用各种手段推广自己的网站。简单地说，网站推广就是以互联网为主要手段进行的，为达到一定营销目的的推广活动。

网站推广多是将网站推广到国内各大知名网站和搜索引擎，推广的主要方法有搜索引擎推广法、电子邮件推广法、资源合作推广法、信息发布推广法、病毒性营销方法、快捷网址推广方法及网络广告推广法等。

知识3　初识Dreamweaver

Dreamweaver是Adobe公司开发的一款可视化网页设计和网站管理软件。利用其可视化编辑功能，可以不需要编写任何代码便可快速制作出精美的网页。Dreamweaver还支持代码编辑环境，如颜色代码、自动补全和代码折叠等，更方便进行代码编写，同时，还支持最新的CSS可视化布局。此外，Dreamweaver能与其他图形编辑软件紧密结合，协同处理编辑图片，使用起来更加方便。

1. 基本操作

（1）启动Dreamweaver CS6。

安装好Dreamweaver CS6后，就可以使用该软件了。启动Dreamweaver CS6软件的方法主要有以下3种：

- 通过双击计算机桌面上的Dreamweaver CS6快捷方式图标启动。
- 执行“开始”→“所有程序”→Adobe Dreamweaver CS6命令，启动Dreamweaver CS6，如图1-8所示。
- 通过打开一个Dreamweaver CS6文档启动。

（2）退出Dreamweaver CS6。

退出Dreamweaver CS6的方法主要有以下几种：

- 执行“文件”→“退出”命令。
- 按Ctrl+Q组合键。
- 单击Dreamweaver CS6操作界面右上角的关闭按钮 × 。

提 示

Dreamweaver的发展历程。

Macromedia时代：

Dreamweaver 1.0

Dreamweaver 2.0

Dreamweaver 2.01

Dreamweaver 3

Dreamweaver 4

Dreamweaver 5

Dreamweaver MX

Dreamweaver MX 2004

Dreamweaver 8.0

Adobe时代：

Dreamweaver CS3

Dreamweaver CS4

Dreamweaver CS5

Dreamweaver CS5.5

Dreamweaver CS6

Dreamweaver Creative Cloud（CC）

图1-8

提 示

目前Dreamweaver已经停止CS系列的开发，Dreamweaver的最新版本是Dreamweaver Creative Cloud 也就是Dreamweaver CC，该版本在性能上有了进一步的提升，比如更新了通过简化的使用者界面、连接的工具以及新增的视觉化。更新了CSS 设计工具，可通过直觉方式更有效地编写程序。流变格线版面可用于建立多方互动的网页设计等。

2. 工作环境介绍

Dreamweaver CS6的工作界面如图1-9所示。

图1-9

（1）菜单栏。

菜单栏主要包括“文件”、“编辑”、“查看”、“插入”、“修改”、“格式”、“命令”、“站点”、“窗口”和“帮助”菜单项。此外，在主菜单的右侧还增加了“设计器”按钮，如图1-10所示。

Dw 文件(F) 编辑(E) 查看(V) 插入(I) 修改(M) 格式(O) 命令(C) 站点(S) 窗口(W) 帮助(H)

图1-10

- 文件：用于查看当前文档或对当前文档执行操作。
- 编辑：用于执行基本编辑操作的标准菜单命令。
- 查看：用于设置文档的各种视图（如代码视图和设计视图），此外，还可以显示与隐藏不同类型的页面元素和工具栏。
- 插入：用于将合适的对象插入到当前的文档中。
- 修改：用于更改选定页面元素或项的属性。使用此菜单，可以编辑标签属性、更改表格和表格元素，并且为库和模板执行不同的操作。
- 格式：用于设置页面中文本的格式。
- 命令：用于提供对各种命令的访问。
- 站点：用于创建与管理站点。
- 窗口：用于打开与切换所有的面板和窗口。
- 帮助：用于获取帮助文件，其中包括Dreamweaver帮助、技术中心和Dreamweaver的版本说明。

提 示

可以根据自己的兴趣爱好选择不同的视图方式。通常，对于初学者来讲，可以先在设计视图中进行设计，如果需要进一步学习HTML语言，或者需要修改网页中的代码，则可以切换到代码视图或者拆分视图中。而实时视图则可以观察网页的实时效果，省去了使用浏览器预览的步骤。

（2）文档工具栏。

文档工具栏包括了“代码”、“拆分”、“设计”、“实时代码”、“实时视图”等按钮和一些比较常用的弹出菜单，如图1-11所示。

代码 拆分 设计 实时视图 实时代码 检查 file:///C|/welcome.html

图1-11

通过单击文档工具栏中的“代码”、“拆分”、“设计”、“实时代码”按钮可以实现文本在不同视图模式之间的切换，各视图介绍如下。

- 代码：该视图是编辑HTML、JavaScript、服务器语言代码以及其他任何类型代码的手工编码环境，如图1-12所示。
- 拆分：该视图是指在单个窗口中可以同时看到同一文档的“代码”视图和“设计”视图的环境。通过“文档”工具栏上的“视图选项”按钮可以调整这两种视图的上下位置，如图1-13所示。
- 设计：该视图是可视化编辑和快速应用程序开发的设计环境。在该视图中，Dreamweaver显示文档的完全可编辑的可视化表示形式，类似于在浏览器中查看页面时看到的内容，如图1-14所示。

提 示

在Dreamweaver CS6中可以通过以下方法获得系统的帮助。

- 按F1功能键，使用Dreamweaver帮助主题。
- 按Shift+F1组合键。
- Dreamweaver支持中心。
- Dreamweaver交流中心。

```
<!DOCTYPE html PUBLIC "-//W3C//DTD XHTML 1.0 Transitional//EN"
"http://www.w3.org/TR/xhtml1/DTD/xhtml1-transitional.dtd">
<html xmlns="http://www.w3.org/1999/xhtml">
<head>
<meta http-equiv="Content-Type" content="text/html; charset=utf-8" />
<title>无标题文档</title>
<link rel="stylesheet" type="text/css" href="cssStyle/indexStyle.css"/>
<script type="text/javascript">
var maxImage=4;
            var count=0;
            function show()
            {
                var starImage=count+1;
                if(starImage>maxImage)
                {
                    starImage=1;
                    count=1;
                    document.getElementById('div'+starImage).style.display='block';
                    document.getElementById('div'+maxImage).style.display='none';
                }
                else
                {
                  if(starImage==1)
                  {
                    document.getElementById('div'+starImage).style.display='block';
                  }
                  else
                  {
                    document.getElementById('div'+starImage).style.display='block';
                    document.getElementById('div'+(starImage-1)).style.display='none';
                  }
                  count++;
                }
            setTimeout('show()',2000);
        }
// 自动滚动
    function boxmove(d1,d2,d3,e,obj){
```

图1-12

图1-13

图1-14

- 实时代码：该视图是显示浏览器用于执行该页面的实际代码。此代码以黄色突出显示，并且不可编，如图1-15所示。
- 实时视图：该视图是显示不可编辑的、交互式的、基于浏览器的文档视图，如图1-16所示。

提 示

在Dreamweaver中是不能直接输入空格的，可以通过Ctrl+Shift+空格组合键来实现输入空格的目的，另外一种非常简单的方法是：将输入法设置为全角状态再进行输入。

代码 拆分 设计 实时视图 实时代码 检查 file:///C|/Users/Administrator/Desktop

```
401 </div>
402 <script type="text/javascript">
403 boxmove("d","d1","d2",4);
404 </script>
405         </td>
406       </tr>
407     </tbody></table></td>
408     <td width="33"><img src="images/rigth.gif" width="33" height="373"></td>
409   </tr>
410   <tr>
411     <td colspan="3"><img src="images/bottom.gif" width="763" height="30"></td>
412     </tr>
413 </tbody></table>
414 <table width="740" border="0" cellspacing="0" cellpadding="0">
415   <tbody><tr>
416     <td>
417     <table width="370" border="0" cellspacing="0" cellpadding="0">
418       <tbody><tr></tr>
419       <tr>
420         <td colspan="2"><span class="tdList"><a href="#"><img src="images/news.jpg" width=
"370" height="57"></a></span></td>
421       </tr>
422       <tr>
423         <td width="274" height="210" valign="top"><ul>
424           <li class="tdList"><a href="#">装饰材料形式喜人 我国竹木地板预备突围</a></li>
```

<body> 1 K / 1 秒 Unicode (UTF-8)

图1-15

图1-16

01

(3) 状态栏。

文档编辑窗口的底部就是状态栏。状态栏的左半部分是标签选择器，这个标签选择器对应的是当前文档内选定的对象，在很多时候对于识别和选择对象非常有用。状态栏的右半部分是当前文档的窗口大小、文件大小和下载时间等信息，如图1-17所示。

<body> 100% 1033 x 699 1 K / 1 秒 Unicode (UTF-8)

图1-17

(4) “属性”面板。

“属性”面板可以检查和编辑当前选定页面元素和最常用的属性。“属性”面板的内容根据选定元素的不同会有所不同，如图1-18所示。

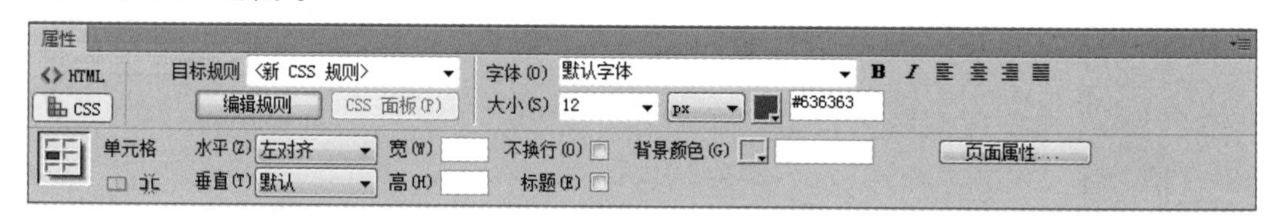

图1-18

(5) 浮动面板组。

浮动面板组是Dreamweaver操作界面的一大特色，每个面板组都可以展开和折叠，可以根据自己的需要选择打开相应的面板和面板组。双击组名称，可以在展开和折叠面板两种状态之间进行切换，并且可以和其他面板组停靠在一起或取消停靠，这些面板都是浮动于编辑窗口之上的。在初次使用Dreamweaver的时候，浮动面板根据功能被分成了若干组，下面将以“CSS样式”面板和“插入”面板为例进行介绍。

- CSS (Cascading Style Sheet) 可译为“层叠样式表”或“级联样式表”，定义如何显示HTML元素，用于控制Web页面的外观。通过使用CSS实现页面的内容与表现形式分离，将极大提高了工作效率，如图1-19所示。
- “插入”面板包含用于创建和插入对象（表格、图像和链接等）的按钮。这些按钮按类别进行组织，可以通过在“类别”弹出菜单中选择所需类别来进行切换，分别为常用、布局、媒体、表单、模版、数据、Spry、收藏夹等，如图1-20所示。若当前文档（如ASP或CFML文档）包含服务器代码时，还会显示其他类别。

提 示

在工作区布局的菜单项中，可以根据自己的需要选择不同的工作区布局方式，另外，如果在制作网页的过程中打开的面板过多，想要将设计器重置到默认状态，可以执行“窗口”→“工作区布局”→“重置‘设计器’”命令，可以将窗口重置。

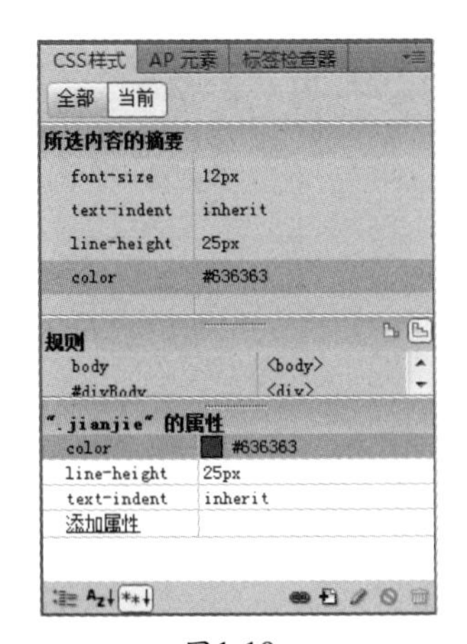

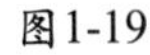
图1-19

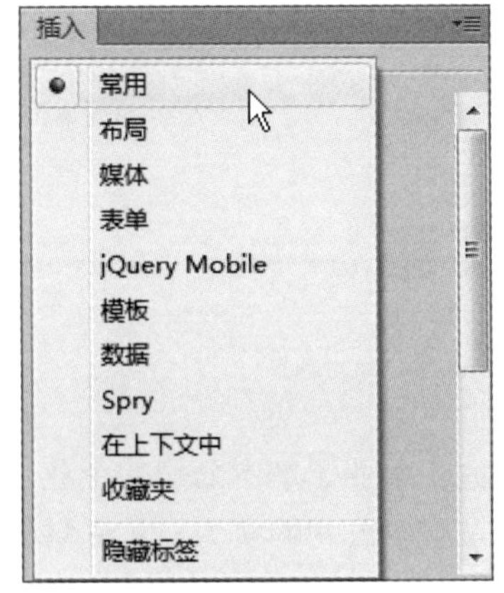

图1-20

提 示

在网页的编辑过程中，如果需要显示“文件”面板可以按F8功能键，要显示“行为”面板可以按Shift+ F4组合键，要显示历史记录面板可以按Shift+F10组合键，而要隐藏所有面板则可以按F4功能键。

3. 自定义工作环境

Dreamweaver为了满足不同用户的使用习惯，提高工作效率，可以对默认的工作环境进行设置，比如外观、功能和视图等。

（1）选择、调整工作区布局。

Dreamweaver CS6提供了编码器、设计器和双重屏幕等工作区布局。执行“窗口”→“工作区布局”命令，可以实现工作布局相互切换。默认的工作布局并不一定适合所有用户，可以通过打开、关闭工具栏和面板对工作区布局进行调整。

（2）管理工作区布局。

执行“窗口”→“工作区布局”→“管理工作区”命令，在弹出的“管理工作区”对话框中可以对工作区执行“重命名”或“删除”命令，图1-21所示。

还可以通过执行“编辑”→“首选参数”命令，打开“首选参数”对话框，在“分类”列表下，对相应选项进行设置，以改变工作环境默认的样式，如图1-22所示。

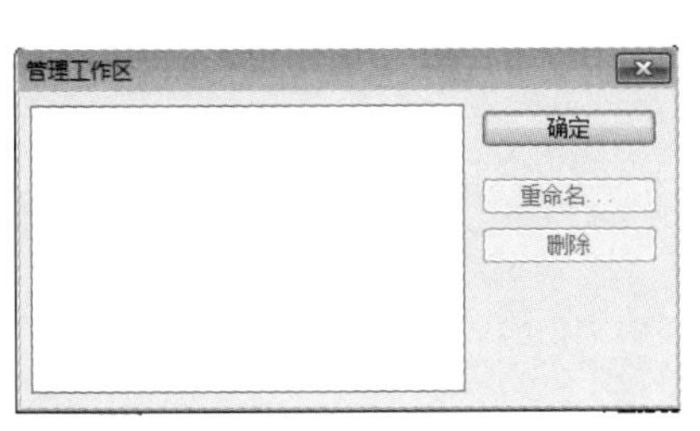

图1-21

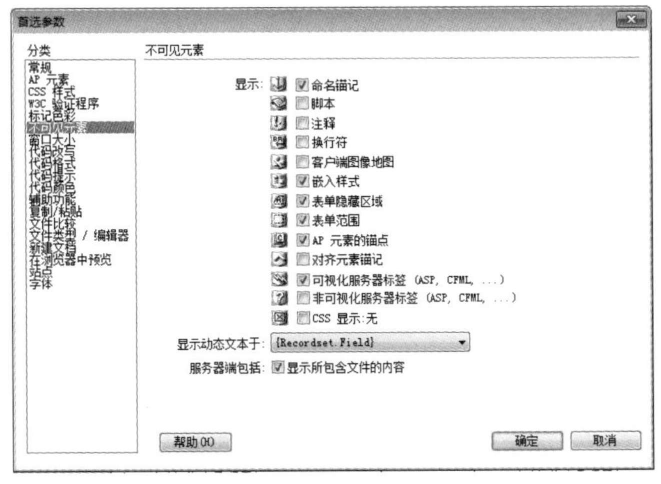

图1-22

Dw 模拟制作任务

任务1 创建欢迎页面

任务背景

某家装公司为了让更多的家庭、企业了解本公司的企业文化、设计理念、设计团队，打算建立一个企业网站，通过网站来展示公司的实力。首先需创建一个欢迎页面，创建的页面如图1-23所示。

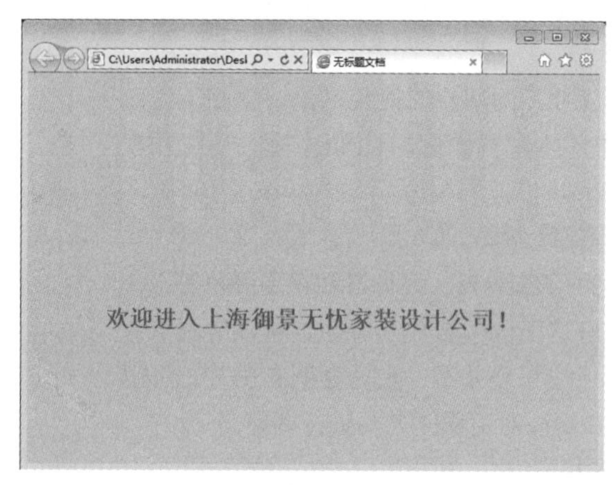

图1-23

任务要求

学会新建与保存网页。

任务分析

此网页是一个普通的HTML网页，因此只需要新建一个HTML网页，输入相关内容，网页就制作完成了。

重点、难点

新建和保存文件的方法。

【技术要领】 Ctrl+N组合键（新建），Ctrl+S组合键（保存），F12键（浏览页面）
【解决问题】 新建并保存网页
【应用领域】 个人网站，企业网站
【素材来源】 无
【效果展示】 “光盘:\素材文件\模块01”目录下
【操作视频】 “光盘:\操作视频\模块01”目录下

任务详解

1.新建文件

STEP 01 启动Dreamweaver CS6，执行“文件”→“新建”命令或按Ctrl+N组合键，打开“新建文档”对话框，如图1-24所示。

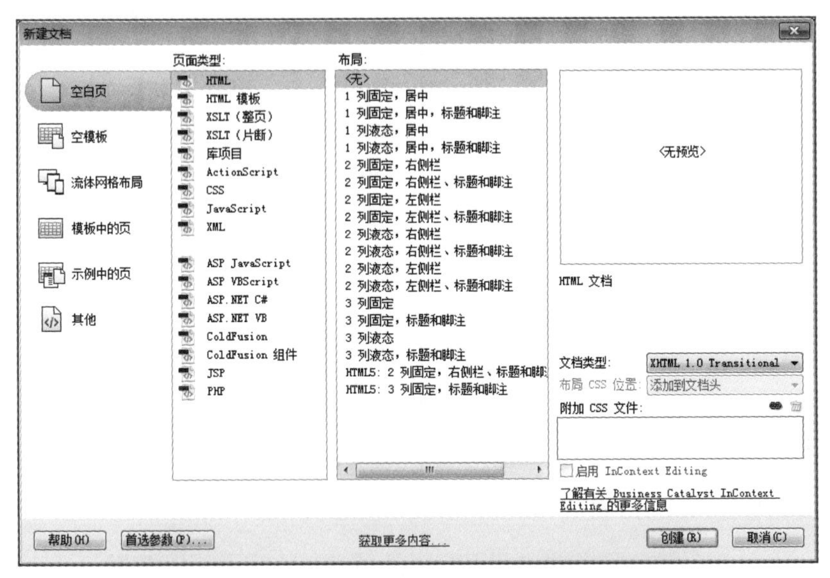

图1-24

STEP 02 选择“空白页”选项，在“页面类型”列表框中选择“HTML”，在“布局”列表框中选择“无”，单击“创建”按钮，即可创建一个新的空白文档。

2. 输入文字

STEP 03 在新建的文档中输入“欢迎进入上海御景无忧家装设计公司！”，适当调整字体位置，设置“属性”面板中CSS的目标规则为“<新内联样式>”，字体大小为“28px”，字体颜色为“#F00”，字体样式为“加粗”，字体位置设置为“居中”，属性设置后目标规则会自动变为“<内联样式>”如图1-25所示。

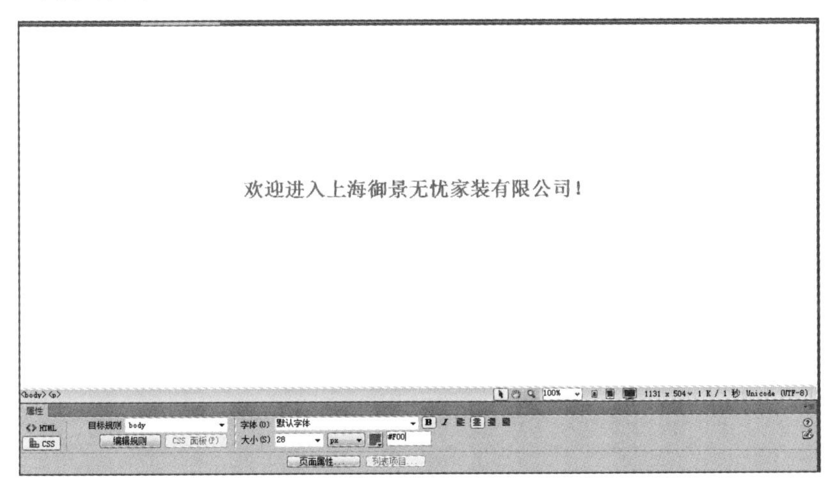

图1-25

STEP 04 将光标定位在页面中，单击“属性”面板中的“页面属性”按钮，弹出“页面属性”对话框，选择分类列表中“外观”选项，设置“背景颜色”为“#FCC”，单击“确定”按钮，如图1-26所示。

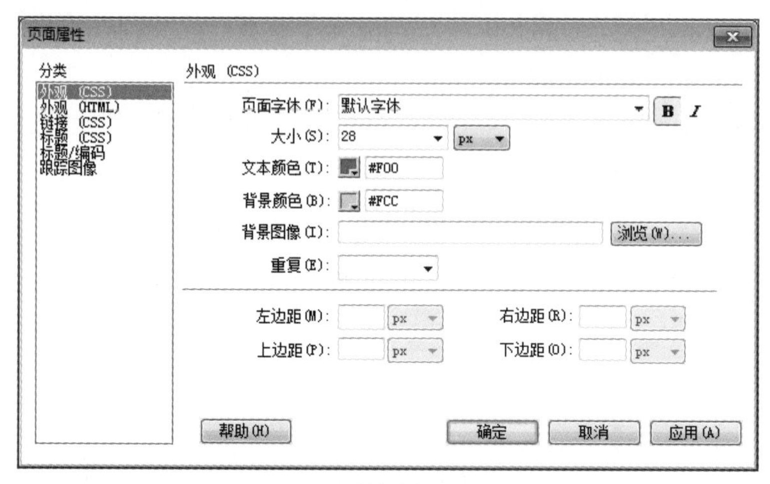

图1-26

STEP 05 执行菜单栏中的“文件”→“保存”命令或按Ctrl+S组合键，打开“另存为”对话框，输入文件名welcome.html，如图1-27所示，单击“确定”按钮，保存文件。

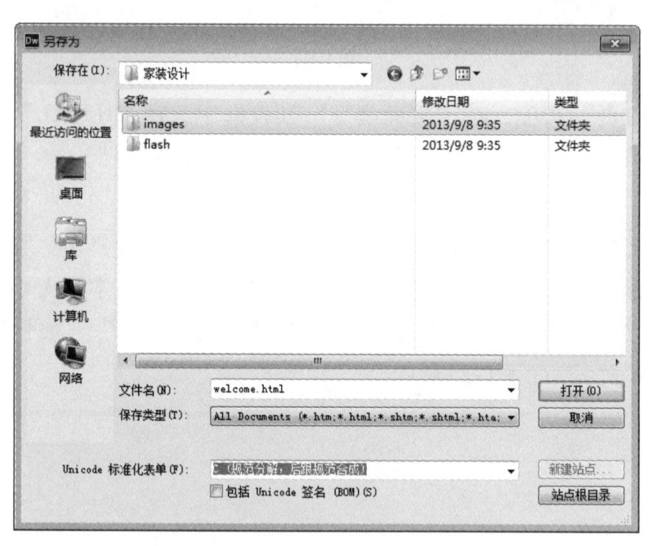

图1-27

STEP 06 按F12键在浏览器中进行页面预览，效果如图1-23所示。

Dw 独立实践任务

任务2 创建某企业网站网页

任务背景

某学校需建设一个精品课程网站，并有良好的进入网站的欢迎界面。

任务要求

使用文字制作欢迎页面，并且要具有吸引力，效果如图1-28所示。

图1-28

【技术要领】 Ctrl+N组合键（新建），Ctrl+J组合键（修改页面属性），Ctrl+Alt+R组合键（显示标尺），Ctrl+；组合键（显示或隐藏辅助线），Ctrl+Alt+G组合键（显示或隐藏网格），Ctrl+S组合键（保存）

【解决问题】 创建网站欢迎页面并保存

【应用领域】 个人网站；企业网站

【素材来源】 无

任务分析

主要制作步骤

01

02

03

04

05

06

07

08

09

10

Dw 职业技能考核

一、选择题

1. 因特网属于（　　）。

A. 局域网　　B. 校内网

C. 互联网　　D. 总线网

2. 计算机联上了因特网的一个特征是（　　）。

A. 计算机有网卡

B. 计算机上安装了Modem

C. 计算机有一个IP地址，并且可以访问网络上的其他地址

D. 计算机可以访问局域网中的其他计算机

3. 第一个因特网浏览器是（　　）。

A. Microsoft Internet Explorer　　B. Netscape Navigator

C. Mosaic　　D. Tencent Explorer

4. 在Dreamweaver CS6界面中包括工具栏、快捷键和（　　）。

A. 自定义功能面板　　B. “属性”面板

C. “代码”面板　　D. “文件”面板

5. 默认的Dreamweaver CS6的视图有（　　）种。

A. 2　　B. 3

C. 4　　D. 5

6. 网页所使用的超文本标记语言的简写是（　　）。

A. HTML　　B. XML

C. WAP　　D. SGML

二、填空题

1. 色彩的兴奋、沉静感与色相、明度、纯度都有关，其中以__________的影响为最大。

2. 色彩的进退错觉是由色彩的冷暖、明度、纯度和面积等多种对比造成的，其中暖色、亮度高、纯度高的色彩有__________；冷色、亮度低、纯度低的颜色有__________。

3. 使用__________可以使页面显得柔和、文雅。

4. 网站的总体结构要层次分明，尽量避免层次复杂的网络结构，一般网站结构选择__________，这种结构的特点是主次分明、内容突出。

5. 构成网页最基本的两个元素是__________和__________。

6. 网站上传到服务器之前，非常重要的一步操作是__________，以保证页面的浏览效果、网页链接等与设计要求相吻合。

学习心得

模块 02 创建和管理站点

在开始制作网站前，最好先按照规划创建一个站点，以便对制作网页所需的各种资源进行管理，尽可能减少链接与路径方面的错误。

站点是一系列文档的组合，这些文档之间是通过各种链接联系起来的。Dreamweaver CS6是站点创建和管理的工具，使用它不仅可以创建单独的文档，还可以创建完整的站点。

能力目标：

1. 素材整理与管理
2. 规划站点
3. 创建站点
4. 管理站点

知识目标：

1. 站点的概念
2. 素材文件夹的命名规则
3. 网站目录规范

课时安排：2课时（讲课1课时，实践1课时）

Dw 模拟制作任务

【本模拟制作任务素材来源】 “光盘:\素材文件\模块02”目录下
【本模拟制作任务操作视频】 “光盘:\操作视频\模块02”目录下

任务1 素材收集与规划站点结构

任务背景

某家装公司为了让更多的家庭、企业了解本公司的企业文化、设计理念、设计团队，打算建立一个企业网站，通过网站来展示公司的实力。在建立网站之前，需要收集相关的素材，并规划站点结构，如图2-1所示。

任务要求

收集适合网站内容的素材，并对素材进行分类管理；合理规划站点结构，方便以后网站的制作。

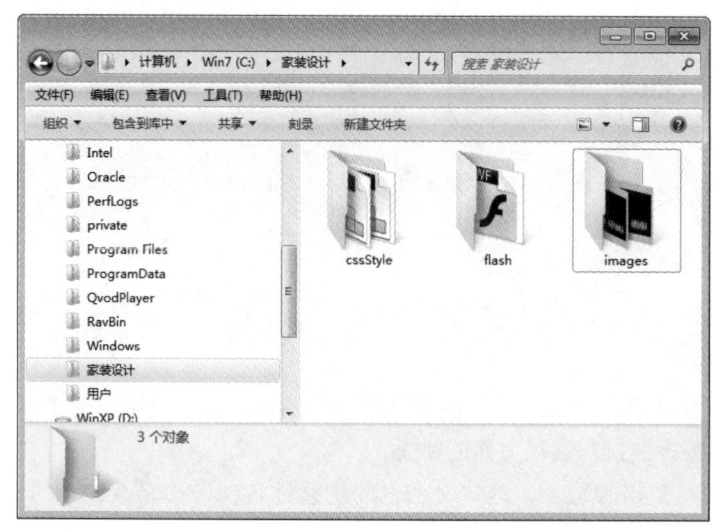

图2-1

任务分析

在建站之初设计者需要先对网站进行分析，并准备相关素材（文字、图片、动画以及其他多媒体素材）。一个合格的网页设计人员需要具备素材管理的习惯，对收集的素材进行分类，通过建立文件夹管理素材，然后根据网站主题，规划站点结构。

重点、难点

1. 站点结构规划。

2. 素材分类。

【技术要领】 素材分类，结构规划

【解决问题】 依据“网站目录规范”将不同素材进行分类管理并放置到相关管理目录中，根据网站主题，对网站内容结构层次进行规划

【应用领域】 个人网站，企业网站

任务详解

1. 网站目录结构

STEP 01 建立相应文件夹，如图2-2所示。

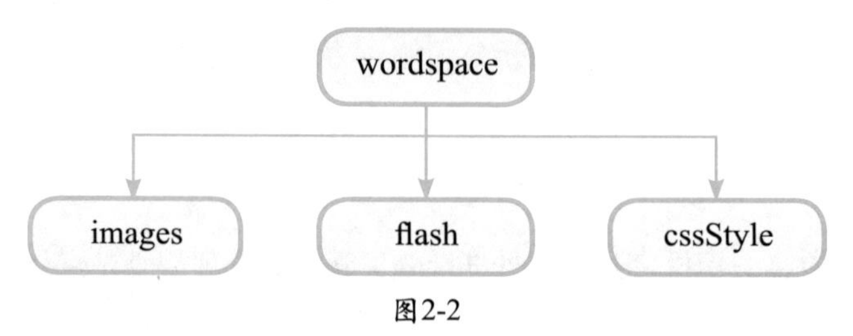

图2-2

STEP 02 将收集的素材进行分类，放置到相应文件夹中。

2. 规划网站结构

STEP 03 根据网站的使用范围与用途，设计导航草图，如图2-3所示。

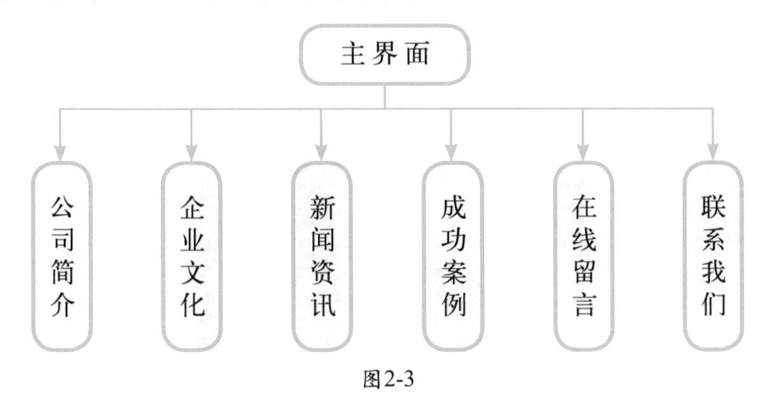

图2-3

任务2 创建站点

任务背景

公司要建立企业网站，需要创建一个站点。

任务要求

便于对网站内所有素材与网页进行管理。

任务分析

在规划好站点结构之后，使用Dreamweaver CS6定义站点并建立目标结构，在本地磁盘上定义的站点可自由编辑和修改。

重点、难点

建立站点设置的选择。

【技术要领】 建立站点设置的选择

【解决问题】 根据每步的建站向导提示选择合适的选项

【应用领域】 个人网站，企业网站

任务详解

1. 启动Dreamweaver CS6

STEP 01 执行“开始”→“所有程序”→“Adobe Dreamweaver CS6”命令，启动Dreamweaver CS6，如图2-4所示。

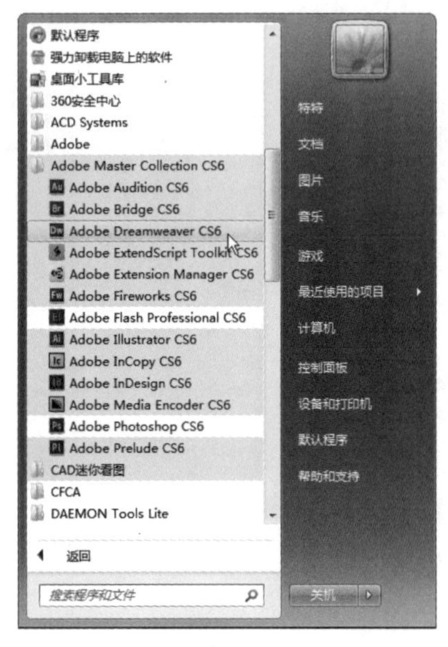

图2-4

2. 建立站点

STEP 02 执行“站点”→“新建站点”命令，如图2-5所示，弹出“站点设置对象”对话框，如图2-6所示。

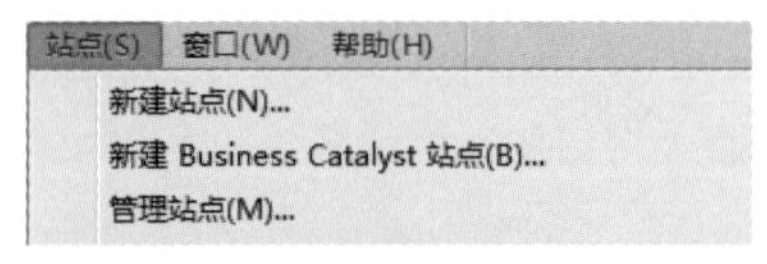

图2-5

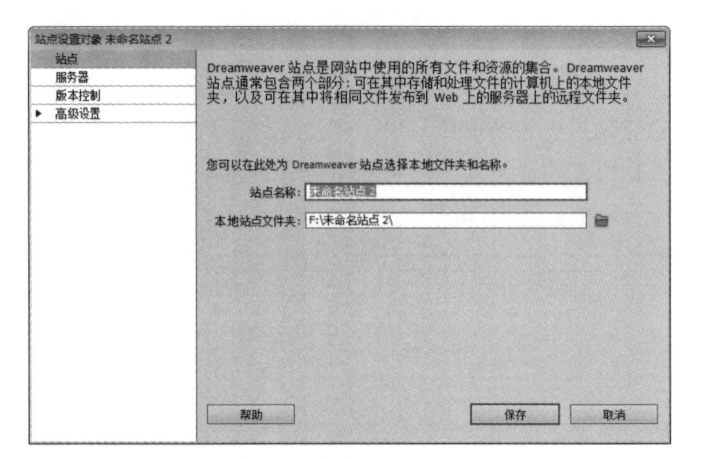

图2-6

STEP03 在“站点名称”文本框中输入“workspace”，并设置站点的路径，如图2-7所示。

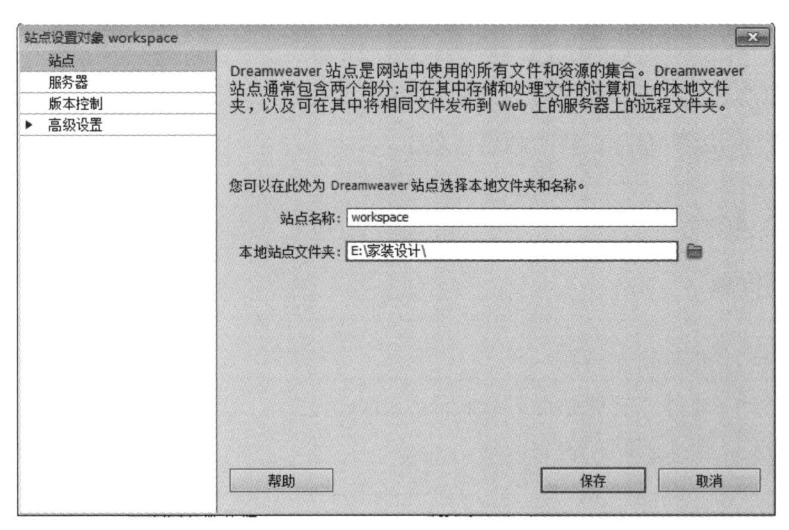

图2-7

STEP04 由于只在站点上工作，而不发布网页，所以无需设置服务器，“服务器”选项卡各项内容均为默认设置，“版本控制”选项卡和“高级设置”选项卡中各项内容也选择系统默认设置。

STEP05 设置完成后，单击“保存”按钮。“站点设置对象”对话框将关闭，在“文件”面板中会显示新创建的站点，如图2-8所示。

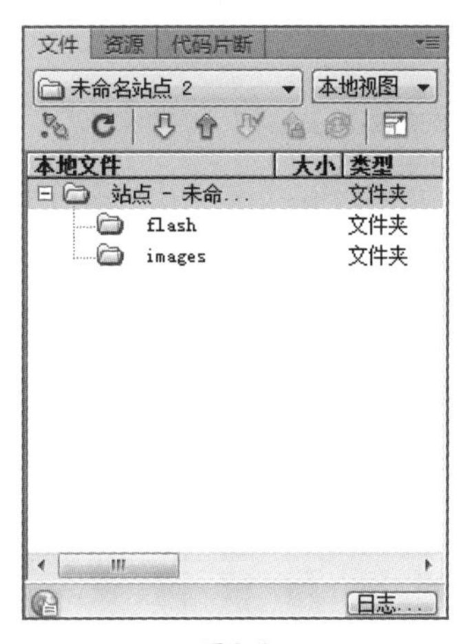

图2-8

任务3 管理站点

任务背景

站点创建完成后，需要对本地站点进行管理操作，如打开站点、编辑站点、删除站点和复制站点等。

任务要求

能够快速、准确地修改站点。

任务分析

通过“管理站点”命令，修改站点信息。

重点、难点

修改站点信息。

【技术要领】 修改站点信息
【解决问题】 通过“管理站点”命令修改站点信息
【应用领域】 个人网站，企业网站

任务详解

1. 修改站点名称

STEP 01 执行“站点”→“管理站点”命令，如图2-9所示。弹出“管理站点”对话框，如图2-10所示。

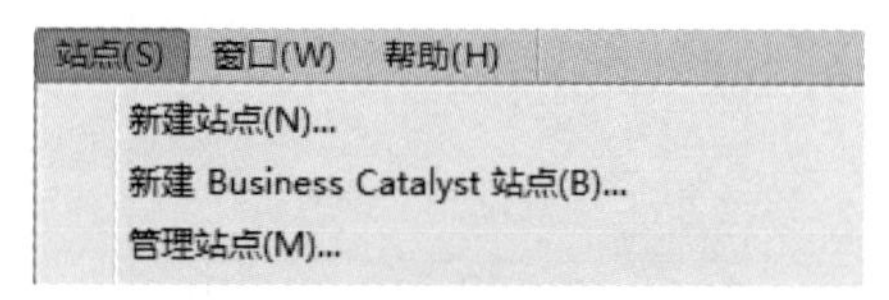

图2-9

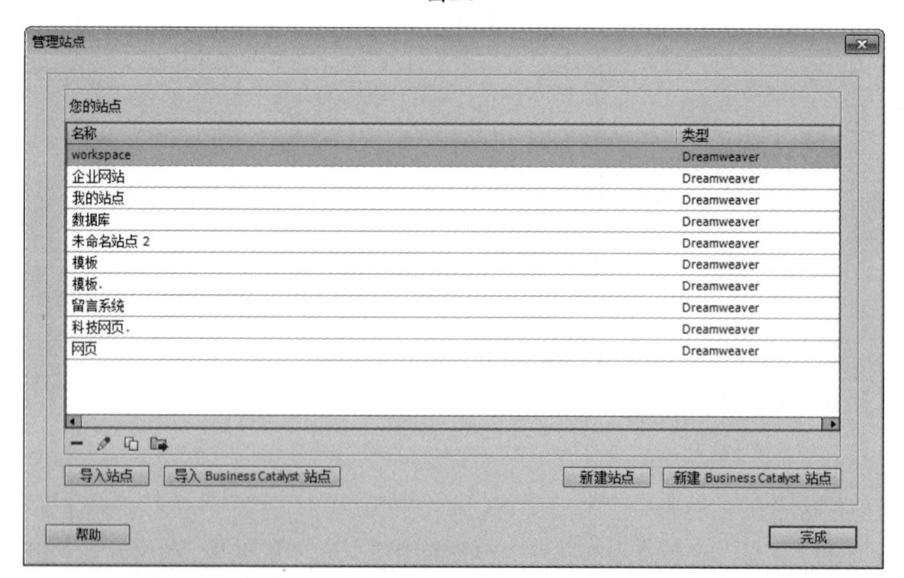

图2-10

STEP 02 选择站点“workspace”，单击“编辑当前选定的站点”按钮，弹出“站点设置对象”对话框，在该对话框中对站点进行编辑，如图2-11所示。

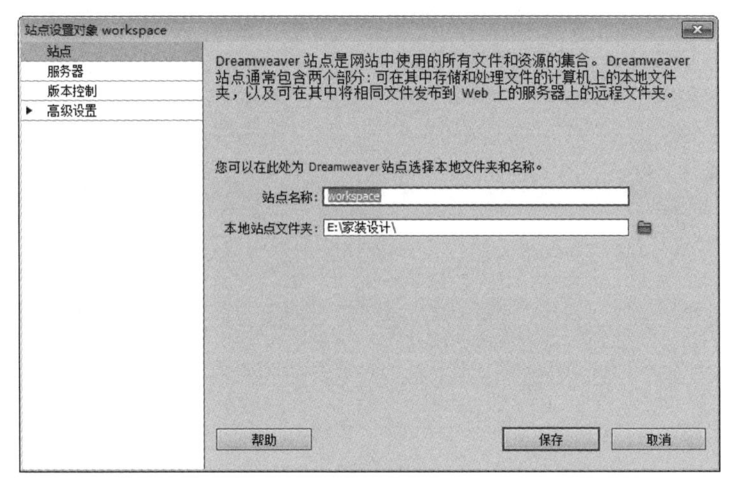

图2-11

2. 删除已有的站点

STEP 03 执行“站点”→“管理站点”命令，弹出“管理站点”对话框，选择要删除的站点，如“企业网站”站点，如图2-12所示，单击“删除当前选定的站点”图标，系统弹出提示对话框，提示用户不能撤消该动作，是否要删除站点，如图2-13所示，单击“是”按钮，则删除本地站点。

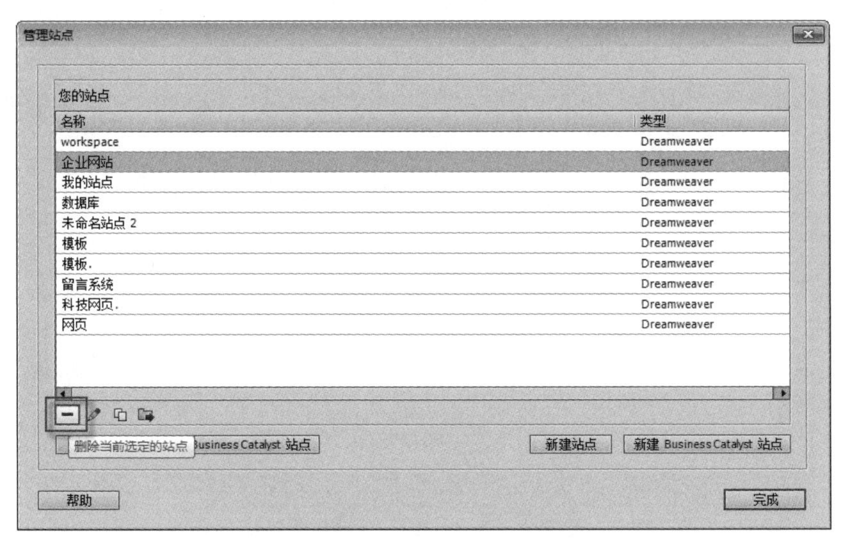

图2-12

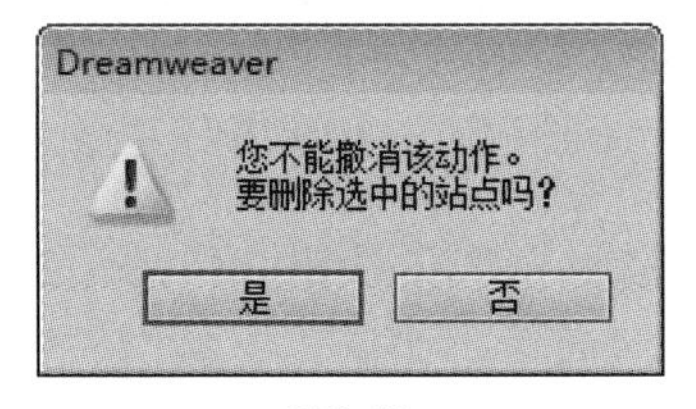

图2-13

3. 复制站点

STEP 04 执行“站点”→“管理站点”命令，弹出“管理站点”对话框，选择要复制的站点，如“数据库”站点，单击“复制当前选定的站点”图标，新复制的站点名称会出现在“管理站点”对话框的站点列表中，如图2-14所示，单击“完成”按钮，即可完成对站点的复制。

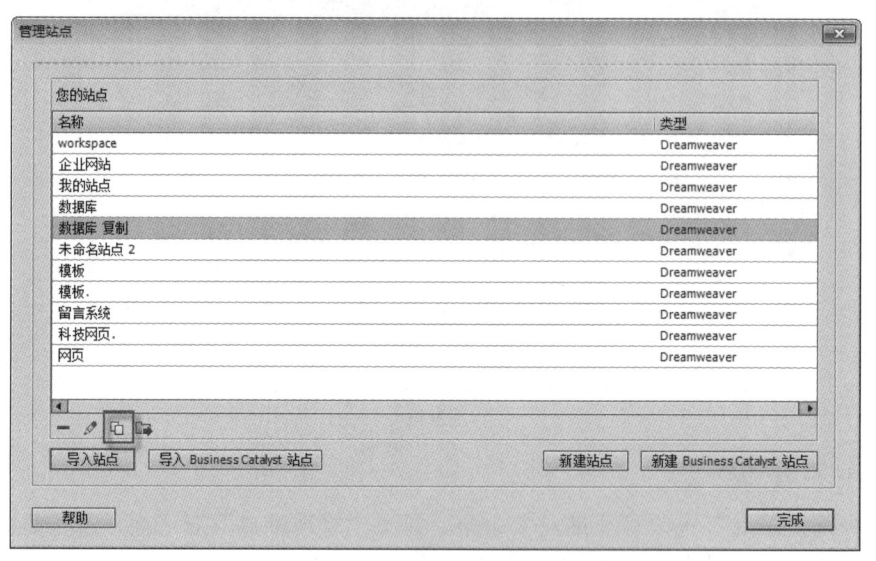

图2-14

4. 导出和导入站点

STEP 05 执行“站点”→“管理站点”命令，弹出“管理站点”对话框，选择要导出的站点名称，如“留言系统”，如图2-15所示。

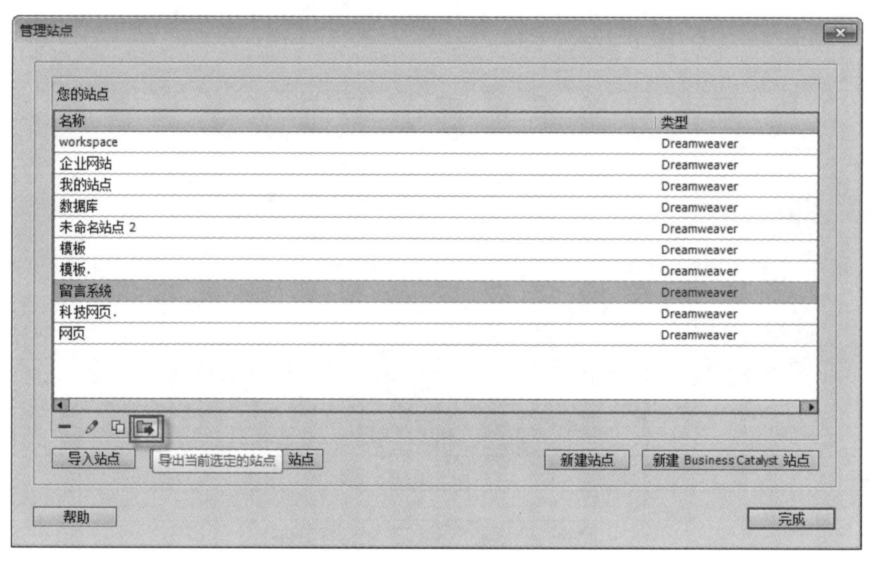

图2-15

STEP 06 单击“导出当前选定的站点”图标按钮，弹出“导出站点”对话框，如图2-16所示，设置导出站点的保存路径，然后单击“保存”按钮。返回“管理站点”对话框，单击“完成”按钮即可。

图2-16

STEP 07 以同样的方法，单击“导入”按钮，则可以将以前备份的XML文件重新导入到站点管理器中。

Dw 知识点拓展

知识点1　网站目录规范

目录建立的原则是以最少的层次提供最清晰、最简便的访问结构，并以最少的字母达到最容易理解的意义。

- 目录以代表此目录文件内容含义的英文单词命名，目录名若为单个单词，须小写，目录名若大于等于两个单词，从第二个单词起的每个单词的首字母大写，其余字母小写。根目录是指DNS域名服务器指向的索引文件的存放目录。根目录只允许存放index.html、default.html和main.html文件，以及其他必须的系统文件。
- 每个一级栏目存放于独立的目录。
- 每个主要功能（主菜单）建立一个相应的独立目录（例如，peixun）。
- 当页面超过20页，每个目录下存放各自独立的images目录，共用的图片放在根目录下的images目录下。
- 所有的JavaScript等脚本文件存放在根目录下的script或includes文件夹中（文件少时可放在images目录下）。
- 所有的CSS文件存放在根目录cssStyle文件夹（文件少时放在images目录下）中。
- 如果有多个语言版本，最好分别位于不同的服务器上或存放于不同的目录中。
- 所有flash、avi、ram、quicktime 等多媒体文件建议存放在根目录下的media目录中，如果属于各栏目下面的媒体文件，分别在该栏目目录下建立media目录（文件少时放在images目录下）。

提 示

在规划站点结构时，应当将本地站点和远程站点设置为相同的结构。这样，在本地站点的文件或者文件夹上的操作，都可以和远程站点上的文件或文件夹一一对应起来，本地站点制作完成或更新后，通过Dreamweaver将本地站点上传到网页服务器后，可以保证远程站点和本地站点的完整复制，避免发生错误。

知识点2　站点

在 Dreamweaver 中，“站点”一词既表示Web站点，又表示属于Web站点的文档的本地存储位置。在开始构建 Web 站点之前，需要建立站点文档的本地存储位置。Dreamweaver站点可以组织与 Web 站点相关的所有文档，跟踪并维护链接、管理文件、共享文件以及将站点文件传输到 Web 服务器。Dreamweaver 站点最多由以下3部分组成，具体取决于用户的计算机环境和所开发的 Web 站点的类型。

- 本地文件夹是用户的工作目录。Dreamweaver 将此文件夹称为本地站点。本地文件夹通常是硬盘上的一个文件夹。
- 远程文件夹是存储文件的位置，这些文件用于测试、生产、协作和发布等，具体取决于用户的环境。Dreamweaver 将此文件夹称为远程站点。远程文件夹是计算机上运行 Web 服务器的某个文件夹。运行 Web 服务器的计算机通常是（但不总是）使用户的站点可以在 Web 上公开访问的计算机。
- 动态页文件夹（“测试服务器”文件夹）是 Dreamweaver 用于处理动态页的文件夹。此文件夹与远程文件夹通常是同一文件夹。除非是在开发 Web 应用程序，否则无须考虑此文件夹。

知识点3 “管理站点”对话框中各选项含义说明

在站点管理中，包括添加和删除站点、编辑站点、复制站点、导入和导出站点等，功能说明如表2-1所示。

表2-1 “管理站点”对话框中各选项功能说明

选项	说明
新建	建立一个新的本地和远程站点
编辑	对已经建立的站点进行修改
复制	对已经建立的站点进行复制
删除	删除已经建立的站点，但不删除站点中的网页文件
导出	将已经建立的站点内容导出到别的文件夹中，导出的文件以.ste为扩展名
导入	将导出的站点导入到本地管理站点中

知识点4 使用“高级设置”选项卡设置站点

可以在“站点设置对象”对话框中选择“高级设置”选

项卡，对本地信息等参数进行设置，如图2-17所示。

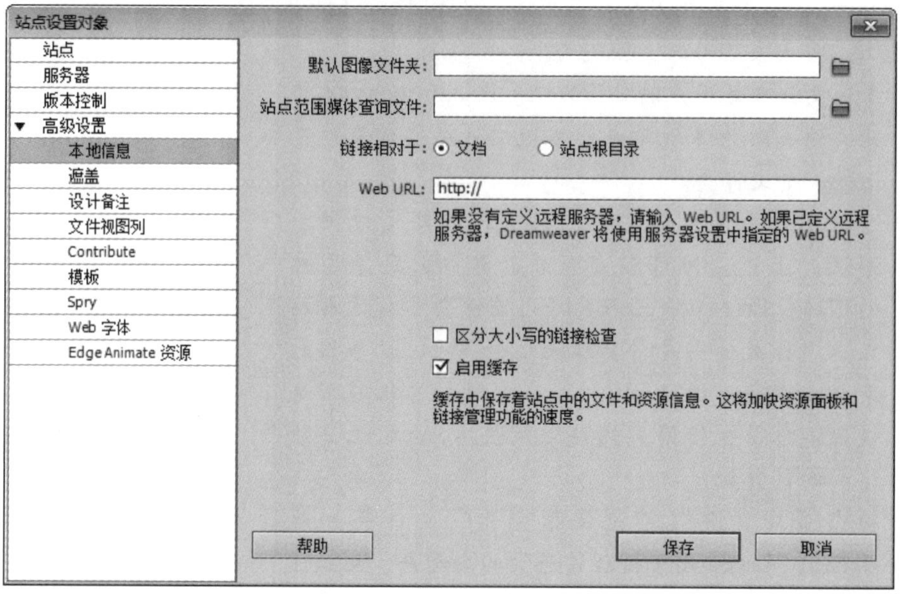

图2-17

- 默认图像文件夹：用于输入图像文件夹存储位置。可以直接输入路径，也可以单击右侧的“浏览”按钮，打开“选择图像文件夹”对话框，从中找到相应的文件夹后保存。
- 站点范围媒体查询文件：用于指定站点内所有包括该文件的页面的显示设置。创建此文件后，从站点内必须使用此文件中的媒体查询才能显示的页面中链接到此文件。
- 链接相对于：用于设置站点中链接的方式，如果创建的是一个静态的网站，选中“文档”单选按钮，如果创建的是一个动态网站，则选中“站点根目录”单选按钮。
- Web URL：用于输入网站在Internet 上的网址，在输入网址的时候要注意，不能像平时在IE 浏览器中那样随便输入，网址前面必须包含“http://”。
- 区分大小写的链接检查：用于设置是否在链接检查时区分大小写，默认未选中此选项。
- 启用缓存：一定要选中该复选框，这样可以加快链接和站点管理任务的速度。

提 示

移动或者复制文件时，由于文件的位置发生了变化，其中的链接信息可能也会发生相应变化，Dreamweaver会弹出更新文件的提示，单击“更新”按钮，进行文件信息的更新便可以确保网页文件链接的正确性。

Dw 独立实践任务

任务4　规划精品课程网站

任务背景

某学校需建立一个精品课程网站，促进信息技术在教学中的应用，共享优质教学资源，以便于学生和老师之间进行交流。素材准备如图2-18所示。

图2-18

任务要求

对精品课程网站进行站点的规划、设计导航草图并创建站点。

【技术要领】站点建立、规化
【解决问题】通过“管理站点”命令进行站点管理
【应用领域】企业网站
【素材来源】无

任务分析

主要制作步骤

Dw 职业技能考核

一、选择题

1. 下面关于设计网站结构的说法，错误的是（　　）。

A. 按照模块功能的不同，分别创建网页，将相关的网页放在一个文件夹中

B. 必要时应当建立子文件夹

C. 尽量将图像和动画文件放在一个文件夹中

D. “本地文件”和“远程站点”最好不要使用相同的结构

2. Dreamweaver CS6的站点菜单中，“获取”命令表示（　　）。

A. 将选定文件从远程站点传输至本地文件夹

B. 断开FTP连接

C. 将远程站点中选定文件标注为“隔离”

D. 将选定文件从本地文件夹传输至远程站点

3. Dreamweaver CS6中的站点由3部分（或文件夹）组成，具体取决于开发环境和所开发的 Web 站点类型，这3部分分别是（　　）。

A. 本地文件夹　　　　B. 远程文件夹

C. 测试服务器文件夹　　　　D. 图片素材文件夹

4. 下列关于站点设置的说法，正确的是（　　）。

A. Web 站点是一组具有共享属性（如相关主题、类似的设计或共同目的）的链接文档和资源

B. Dreamweaver CS6是一个站点创建和管理工具，因此使用它不仅可以创建单独的文档，还可以创建完整的 Web 站点

C. 创建 Web 站点的第一步是规划。为了达到最佳效果，在创建任何 Web 站点页面之前，应对站点的结构进行设计和规划

D. 如果在 Web 服务器上已经具有一个站点，则可以使用 Dreamweaver 来编辑该站点

二、填空题

1. 创建远程站点时，可以在__________根据用户需要设置其他参数。

2. 利用“____________”面板，可以对本地站点中的文件或文件夹进行新建、复制和删除等操作。

3. 跟踪图像的文件格式必须为__________、__________或__________。

4. 在“页面属性”对话框中，共设有6种属性，分别是外观、链接、标题、__________和__________等属性。

5. __________是一种管理网站中所有相关联文档的工具，是一种文档的组织形式。

学习心得

模块03 规划网页布局

表格是网页排版设计的常用工具，是制作网页时不可缺少的元素之一，在网页中用途非常广泛，主要用来安排网页的整体布局，以及排列数据和图像。

本模块通过3个任务来详细讲述表格布局网页的应用，以及插入表格和设置表格属性、选择表格、编辑表格和单元格的使用。通过本模块的学习，可以全面了解表格的基本知识并能运用表格布局网页。

能力目标：

1. 使用Photoshop软件切图
2. 建立表格
3. 表格大小的调整，表格边框、合并、拆分等属性的设置
4. 图片插入及属性设置
5. 文字录入及排版
6. 图文混排

知识目标：

1. 了解切图的技巧
2. 表格设置的知识
3. 图文混排知识

课时安排：10课时（讲课4课时，实践6课时）

Dw 模拟制作任务

任务1 制作导入页

任务背景

某公司要建立一个企业网站，该网站主要包括首页、公司简介、企业文化、新闻资讯、成功案例、在线留言及联系我们。通过该企业网站，要达到和客户及其他企业互相了解、互

相交流的目的。为此，首先需创建一个导入页，与浏览者进行互动，如图3-1所示。

图3-1

任务要求

为网站制作一个吸引浏览者的导入页，从而给浏览者留下深刻的印象，并提高网站的浏览量。

任务分析

在设计之前要对企业、客户和同行企业进行详细的分析，并定位网站内容。为吸引浏览者，可以使用图片制作导入页，使用Photoshop设计好导入页效果图并切图，然后使用表格布局，并把切好的图片置入网页中。

重点、难点

1. Photoshop切图。
2. 使用表格布局的设置。

【技术要领】 Photoshop切图
【解决问题】 为了更好地布局页面，往往需要把图片进行切图
【应用领域】 个人网站，企业网站
【素材来源】 “光盘:\素材文件\模块03”目录下
【操作视频】 “光盘:\操作视频\模块03\任务1”目录下

任务详解

1. Photoshop切图

STEP 01 执行“开始”→“所有程序”→“Adobe Photoshop CS6”命令，启动Photoshop软件，如图3-2和图3-3所示。

Snagit 9
Adobe Photoshop CS6
腾讯QQ
AutoCAD 2013 – 简体中文 (Simplified Chinese)
Camtasia Studio 6
暴风影音5

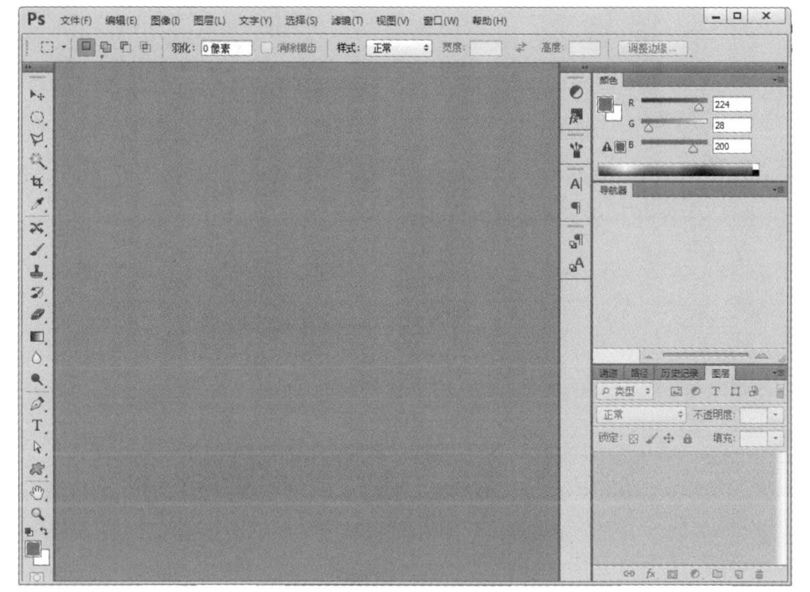

图3-2　　图3-3

STEP 02 执行“文件”→“打开”命令，弹出的“打开”对话框，选择导入页效果图（“光盘:\素材文件\模块03\images\未标题-1.jpg”），如图3-4所示，单击“打开”按钮。

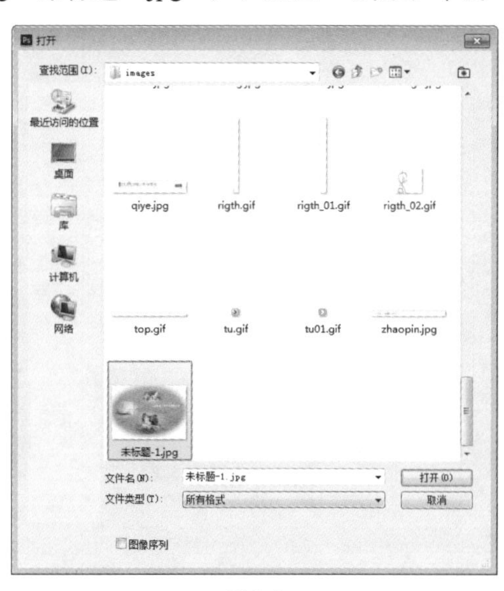

图3-4

STEP 03 选择“切片工具”，如图3-5所示，在效果图上切分要在网页中使用的图片，如图3-6所示。

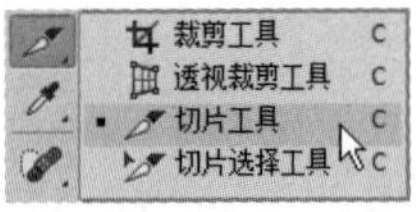

裁剪工具 C
透视裁剪工具 C
切片工具 C
切片选择工具 C

图3-5

图3-6

STEP 04 执行“文件”→“存储为Web所用格式”命令，如图3-7所示；弹出“存储为Web和设备所用格式”对话框，如图3-8所示。

图3-7

图3-8

STEP05 单击“存储”按钮，弹出“将优化结果存储为”对话框，选择保存路径为已经创建好的本地站点文件夹，选择保存类型为“HTML 和图像”，设置文件名为“导入页.html”，如图3-9所示。

图3-9

STEP06 单击“保存”按钮，系统弹出“存储为Web和设备所用格式”信息提示框，如图3-10所示，单击“确定”按钮，在保存位置就会出现切片图片文件夹和导入页文件，如图3-11所示。

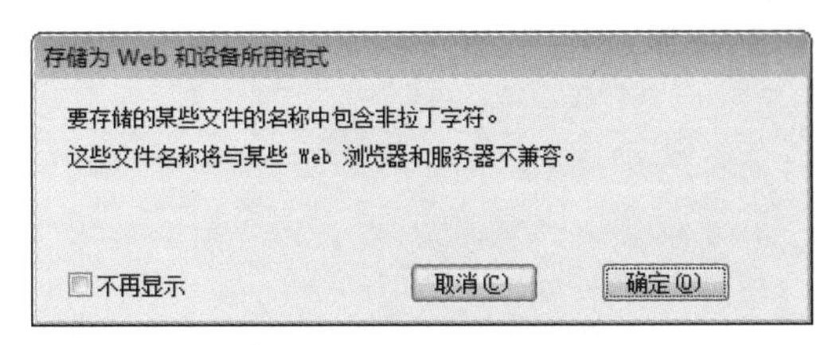

图3-10

图3-11

2. 编辑HTML文档

STEP 07 启动Dreamweaver CS6，在文件面板中选择站点workspace，站点文件夹下多了一个“导入页.html”，HTML文档便是通过Photoshop切图后导出的“导入页.html”，如图3-12所示；双击打开“导入页.html”，如图3-13所示。

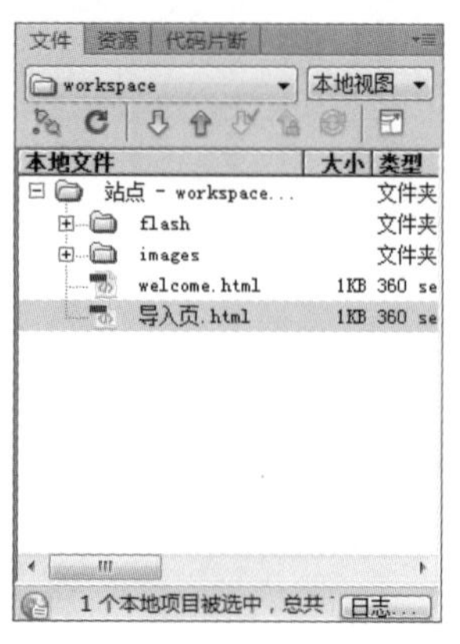

图3-12

图3-13

STEP 08 将光标置于表格表框上，单击，选中图片所在的表格，在“属性”面板中设置其对齐属性为“居中对齐”，如图3-14所示。

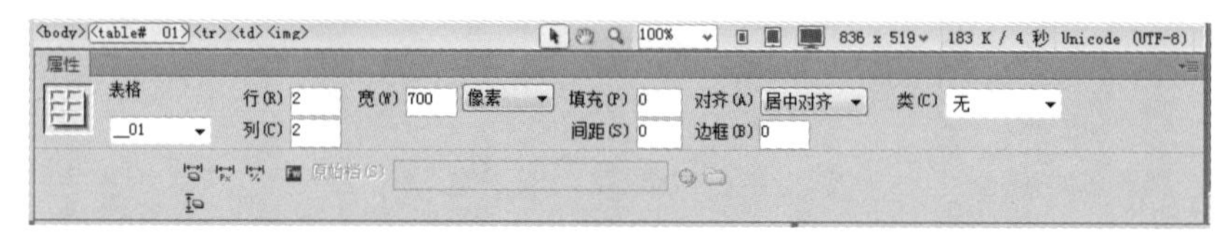

图3-14

STEP 09 按F12键在浏览器中进行页面预览，效果如图3-1所示。

任务2　制作banner图与导航栏

任务背景

在建立的企业网站中，有很多页面。在页面之间浏览很麻烦，不能明确网页的位置，比较混乱，为此需要制作一个banner图与导航栏，如图3-15所示。

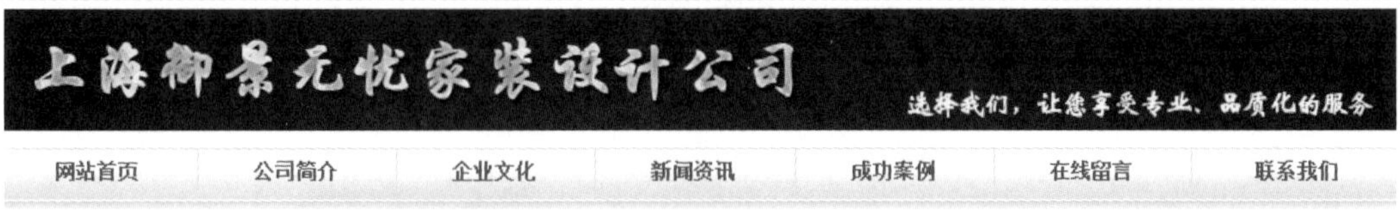

上海御景无忧家装设计公司
选择我们，让您享受专业、品质化的服务
网站首页
公司简介
企业文化
新闻资讯
成功案例
在线留言
联系我们

图3-15

任务要求

制作的banner图美观大方，制作的导航栏可以方便地引导浏览者浏览网页。

任务分析

在设计之前对网站进行分析，确定导航栏的内容，在表格中对图片定位，制作banner图与导航栏。

重点、难点

使用表格布局的设置。

【技术要领】 表格布局
【解决问题】 外表格宽度要一致
【应用领域】 个人网站，企业网站
【素材来源】 “光盘:\素材文件\模块03”目录下
【操作视频】 “光盘:\操作视频\模块03\任务2”目录下

任务详解

1. 新建HTML文档

STEP 01 启动Dreamweaver CS6，在“文件”面板中选择站点workspace，如图3-16所示。

文件
资源
代码片断
workspace
本地视图
本地文件
大小
站点 - workspace...
flash
images
welcome.html
1KB
导入页.html
1KB

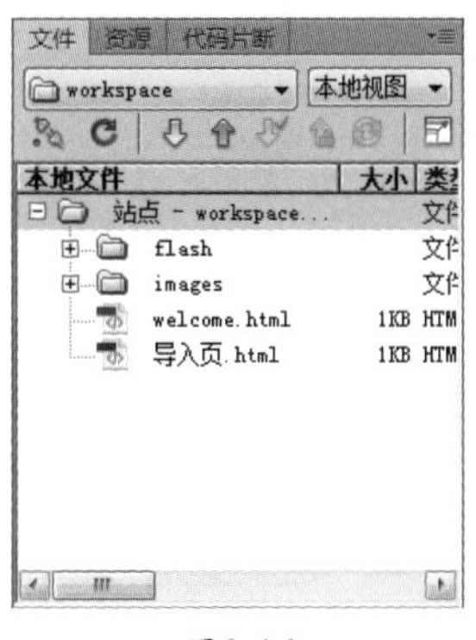

图3-16

STEP 02 执行“文件”→“新建”命令，打开“新建文档”对话框，选择“空白页”选项，在“页面类型”列表中选择“HTML”选项，在“布局”列表框中选择“无”选项，单击“创建”按钮，如图3-17所示，创建HTML新文档。

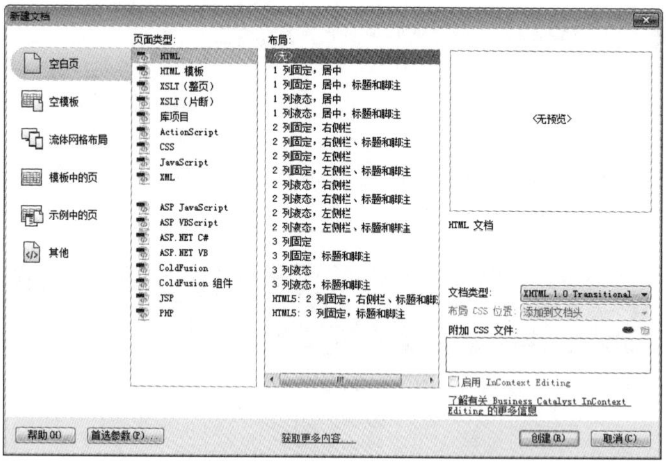

图3-17

STEP 03 执行“文件”→“保存”命令，弹出“另存为”对话框，选择存储路径，将文件命名为index.html，单击“保存”按钮，如图3-18所示。

图3-18

STEP 04 打开index.html页面，单击“属性”面板中的“页面属性”按钮，弹出“页面属性”对话框，选择分类列表中的“外观”选项，设置站点中images目录下的“bg.gif”图片为“背景图像”，并设置“重复”为“repeat”，如图3-19所示，单击“确定”按钮。

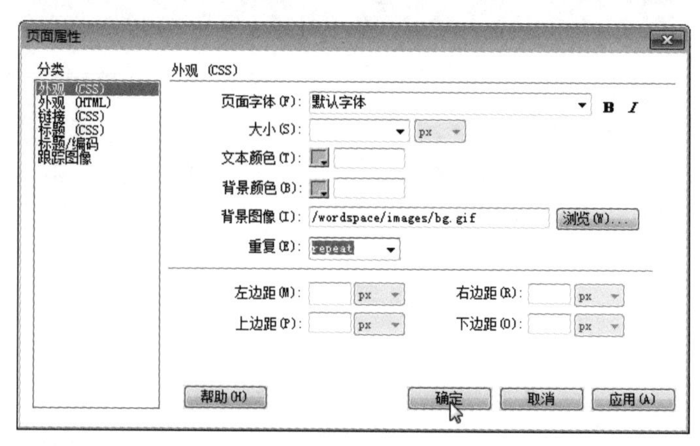

图3-19

2. 创建表格

STEP 05 执行“插入”→“表格”命令，如图3-20所示，在弹出的“表格”对话框中，设置“行数”为“1”，“列数”为“1”，“表格宽度”为“990”像素，“边框粗细”为“0”像素，“单元格边距”为“0”，“单元格间距”为“0”，单击“确定”按钮，如图3-21所示。

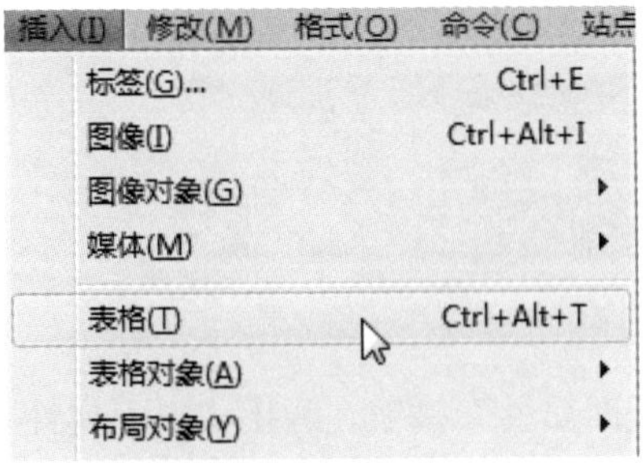

图3-20

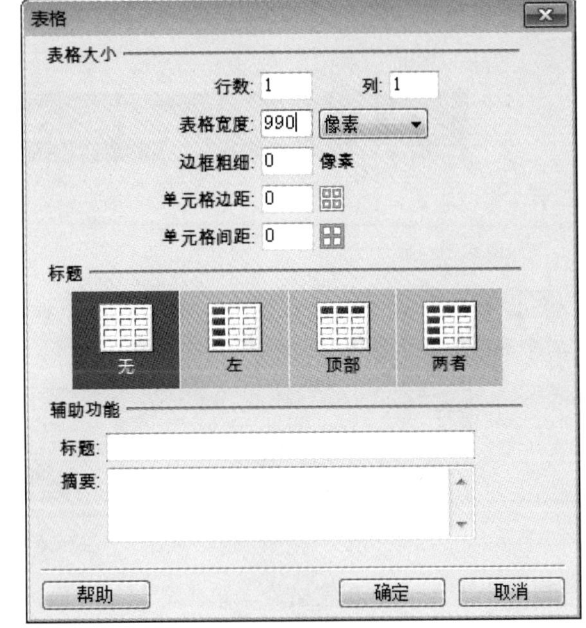

图3-21

3. 添加图片

STEP 06 将光标置于表格中，执行“插入”→“图像”命令，如图3-22所示，弹出“选择图像源文件”对话框，选择本地站点workspace中images\banner.jpg图片，如图3-23所示。

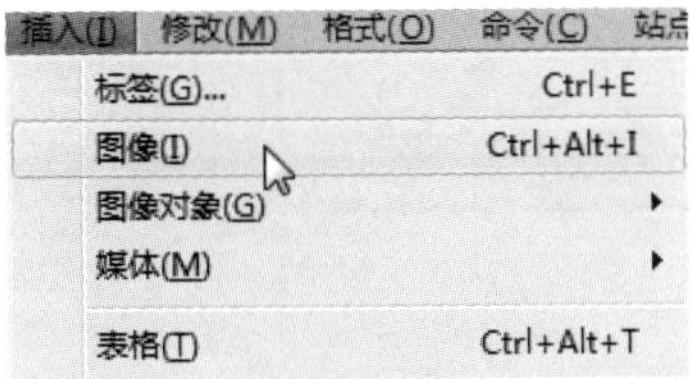

图3-22

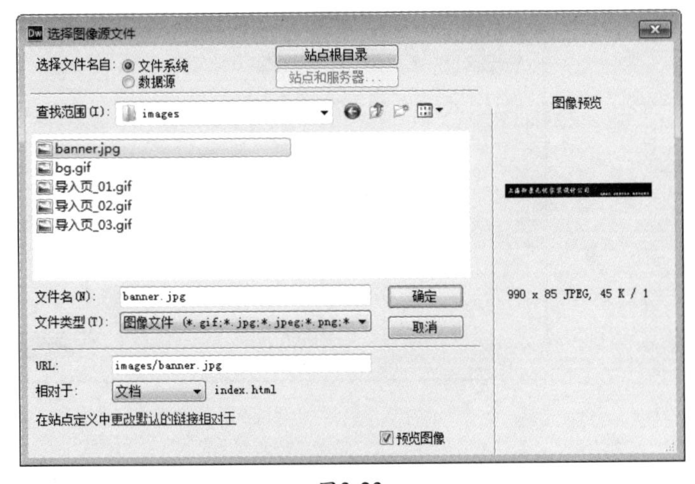

图3-23

STEP 07 单击“确定”按钮，弹出“图像标签辅助功能属性”对话框，输入替换文本，如图3-24所示，单击“确定”按钮，设置后效果如图3-25所示。

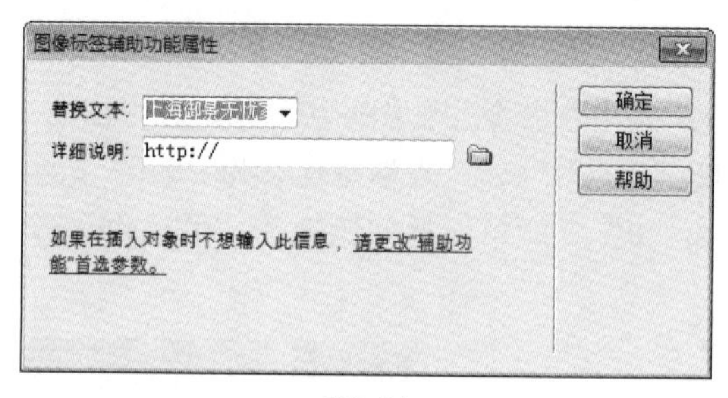

图3-24

图3-25

4. 调整表格

STEP 08 将光标置于表格表框上，单击，选中表格，设置“属性”面板中“对齐”属性为“居中对齐”，如图3-26所示。

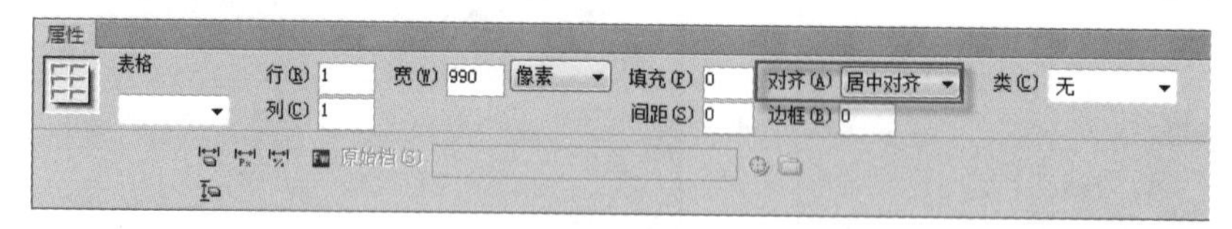

图3-26

STEP 09 将光标定位在表格外，单击“属性”面板中“页面属性”按钮，弹出“页面属性”对话框，选择分类列表中的“外观”选项，设置“上边距”为“0”，如图3-27所示，单击“确定”按钮，此时banner图于顶端对齐，效果如图3-28所示。

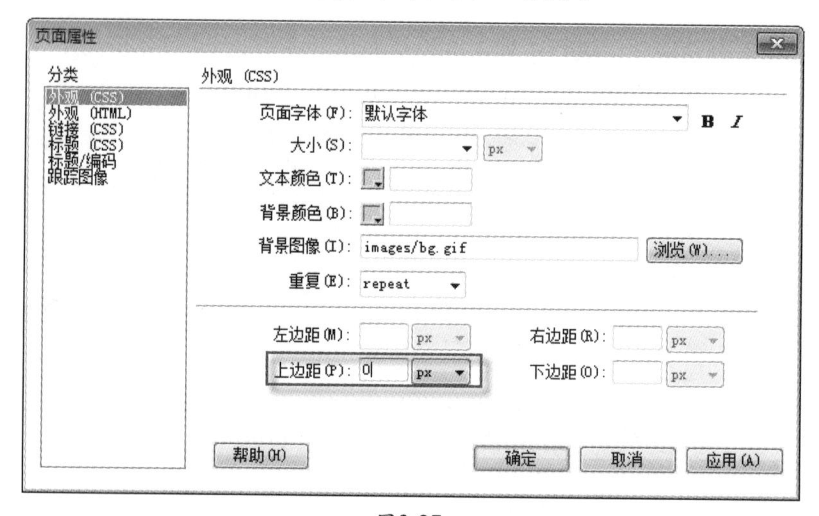

图3-27

图3-28

5. 添加表格

STEP 10 将光标置于表格外，执行“插入”→“表格”命令，弹出“表格”对话框，设置“行数”为“1”，“列数”为“1”，“表格宽度”为“990”像素，“边框粗细”为“0”像素，“单元格边距”为“0”，“单元格间距”为“0”，单击“确定”按钮，如图3-29所示。

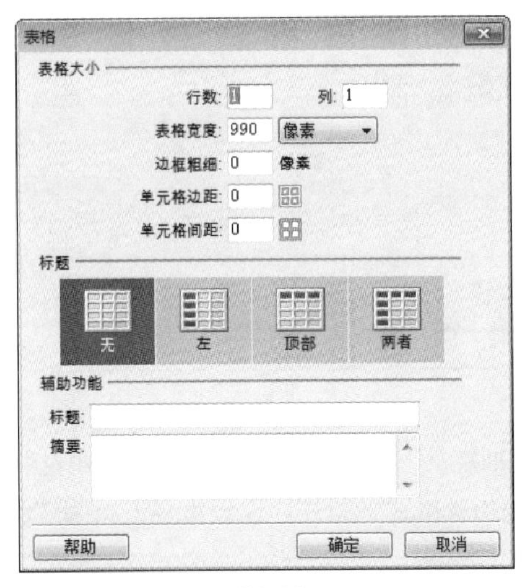

图3-29

STEP 11 选中整个表格，如图3-30所示，在“属性”面板中，设置对齐为“居中对齐”，表格效果如图3-31所示。

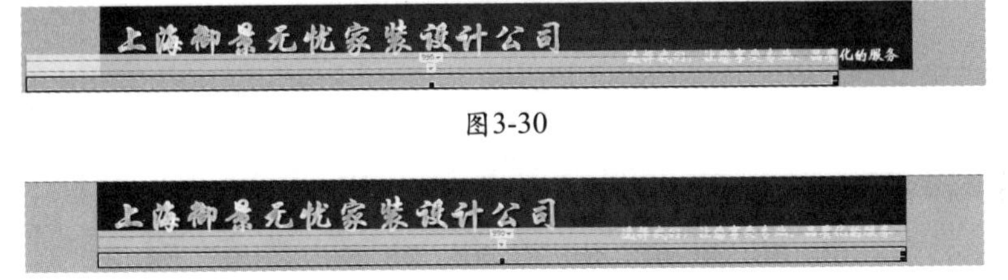

图3-30

图3-31

6. 添加CSS样式

STEP 12 打开浮动窗口中CSS样式窗口，单击按钮，如图3-32所示，弹出“新建CSS规则”对话框，在“选择或输入选择器名称”中输入“.nav”，如图3-33所示，单击“确定”按钮。

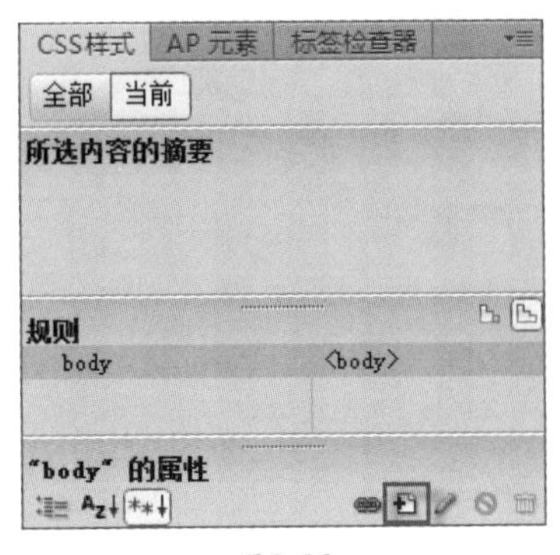

图3-32

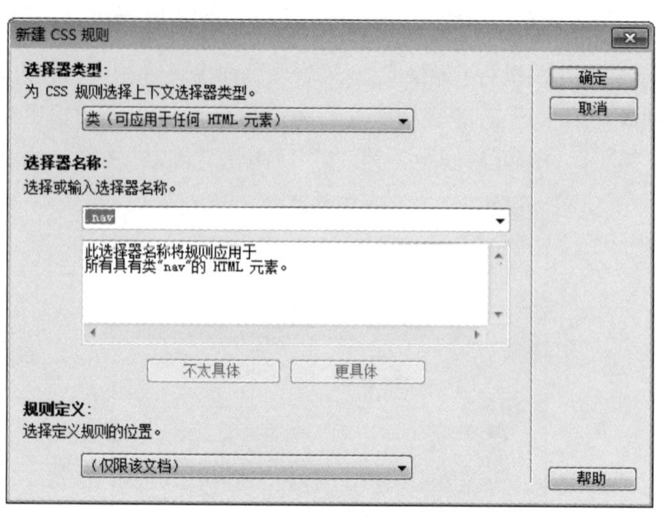

图3-33

STEP 13 弹出“.nav的CSS规则定义”对话框，选择“分类”列表中“背景”选项，设置站点中images目录下的图片navbg.jpg为表格背景图片，设置重复方式为“repeat-x”，如图3-34所示。

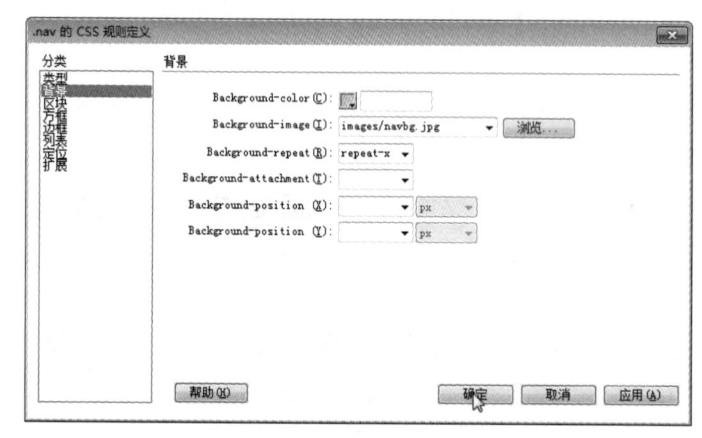

图3-34

STEP 14 选择“分类”列表中“方框”选项，设置“Height”值为“48”，单击“确定”按钮，如图3-35所示。

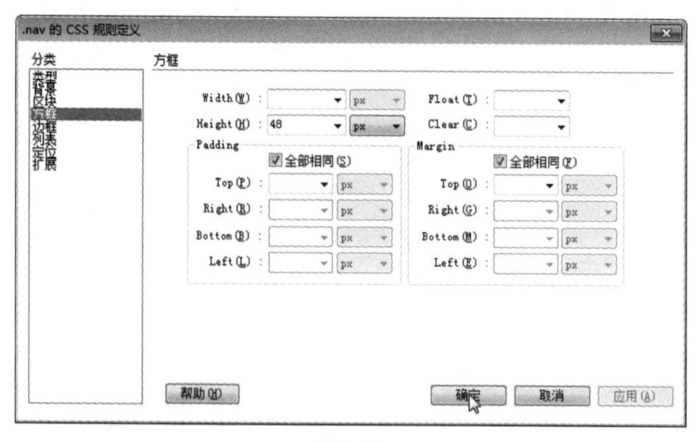

图3-35

STEP 15 将光标定位在表格中，切换到“代码”视图，在所选单元格内添加CSS样式，输入“class=".nav"”，如图3-36所示，切换到“设计”视图，查看效果如图3-37所示。

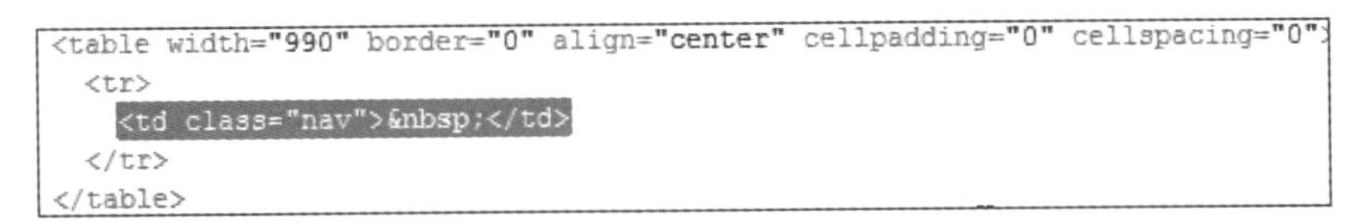

```
<table width="990" border="0" align="center" cellpadding="0" cellspacing="0">
  <tr>
    <td class="nav"> </td>
  </tr>
</table>
```

图3-36

图3-37

7. 添加表格

STEP 16 将光标置于表格内，执行“插入”→“表格”命令，弹出“表格”对话框，设置“行数”为“1”，“列数”为“13”，“表格宽度”为“990”像素，“边框粗细”为“0”像素，“单元格边距”为“0”，“单元格间距”为“0”，单击“确定”按钮，如图3-38所示，插入的表格如图3-39所示。

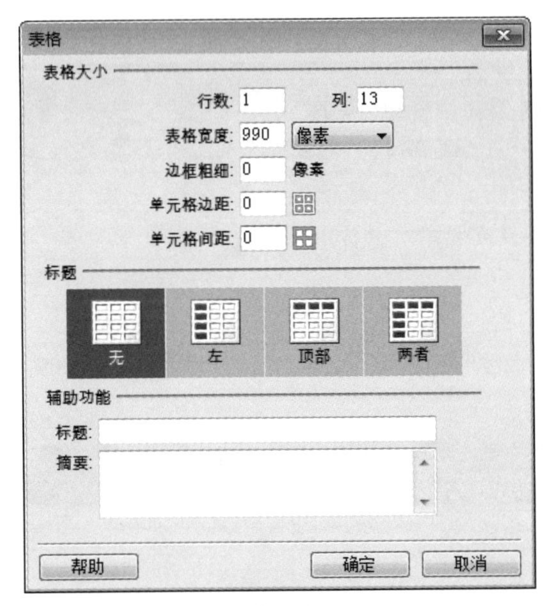

图3-38

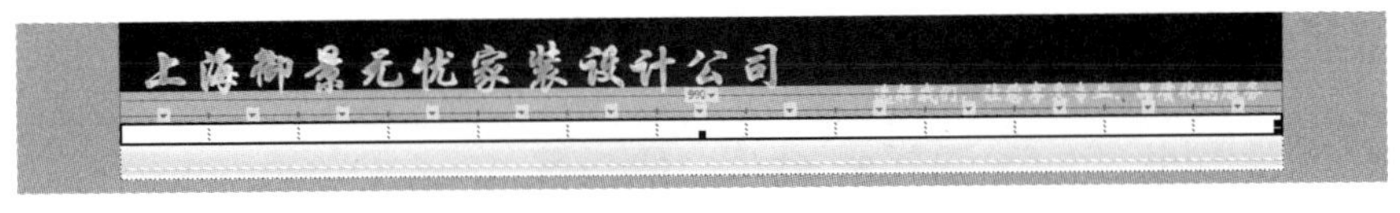

图3-39

8. 调整表格

STEP 17 将光标定位在第1列，在“属性”面板中设置单元格高为35、宽为132，如图3-40所示；将光标定位在第2列，在“属性”面板中设置单元格高为35，宽为9；同样的方法依次设置第3、5、7、9、11列宽为132，第2、4、6、8、12列宽为9；设置第13列宽为144，单元格水平“居中对齐”，最终效果如图3-41所示。

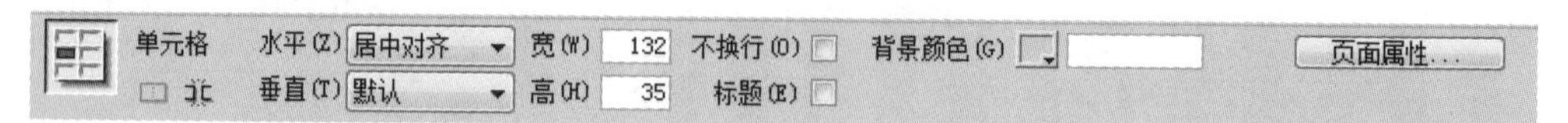

图3-40

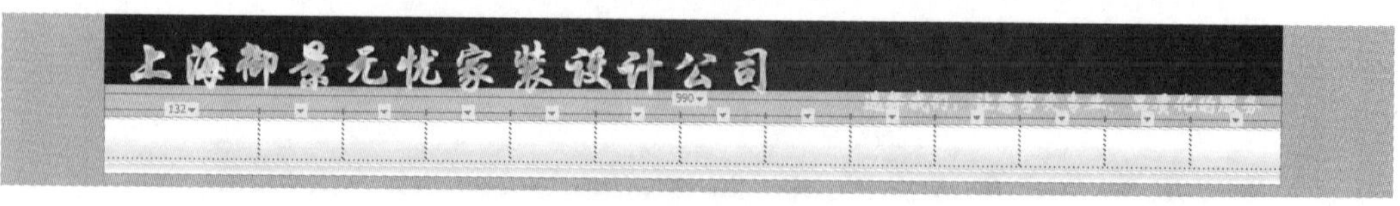

图3-41

9. 输入文字

STEP 18 将光标置入表格第1列，输入文本“网站首页”，然后选中文本“网站首页”，在“属性”面板中，设置“字体”为“默认字体”、“大小”为“14”、“文本颜色”为“#636363”，如图3-42所示，效果如图3-43所示。

图3-42

图3-43

STEP 19 重复以上步骤，分别在3、5、7、9、11、13列输入不同的内容，最终效果如图3-44所示。

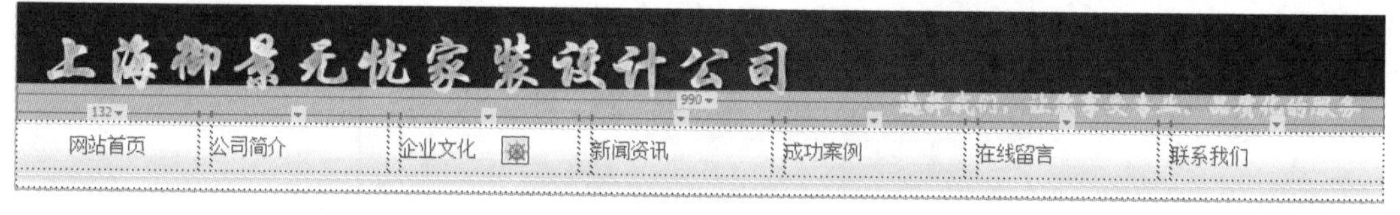

图3-44

STEP 20 执行“文件”→“保存”命令保存网页，按F12键浏览网页。

任务3　制作“公司简介”网页

任务背景

为了让浏览者快速地了解公司基础资料和产品，现需在已建立的企业网站上，设计制作“公司简介”网页，该网页中包括公司介绍文字以及相关图片，效果如图3-45所示。

任务要求

要求文字格式统一，并使用图文混排、特殊符号添加等技术。

图3-45

任务分析

该网页使用文字、图片混排技术，结合表格布局使用，可更好控制网页内容。

重点、难点

1．图文混排技术。

2．表格布局。

3．文字排版。

【技术要领】	图文混排，文字排版
【解决问题】	通过图片属性设置
【应用领域】	个人网站，企业网站
【素材来源】	“光盘:\素材文件\模块03”目录下
【操作视频】	“光盘:\操作视频\模块03\任务3”目录下

任务详解

STEP 01 启动Dreamweaver CS6，在文件面板中选择站点workspace，如图3-46所示。

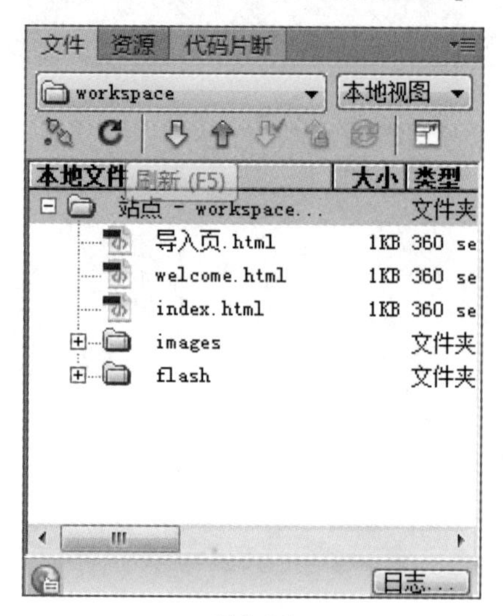

图3-46

STEP 02 执行“文件”→“新建”命令，打开“新建文档”对话框，选择“空白页”选项，在“页面类型”列表中选择“HTML”选项，在“布局”列表框中选择“无”选项，单击“创建”按钮，创建HTML新文档，如图3-47所示。

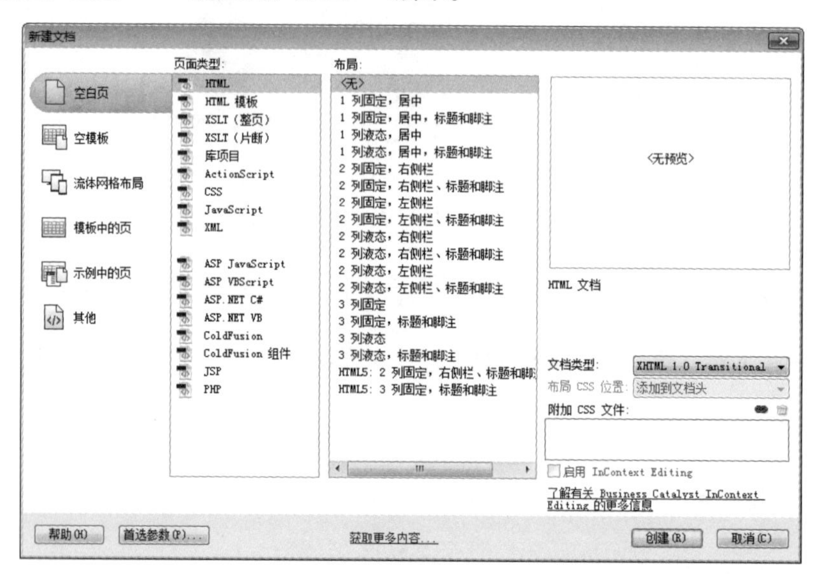

图3-47

STEP 03 执行“文件”→“保存”命令，弹出“另存为”对话框，选择存储路径，将文件命名为jianjie.html，单击“保存”按钮，如图3-48所示。

STEP 04 切换到“代码”视图，删除所有代码，复制index.html内所有代码粘贴到代码视图内，更改标题为“公司简介”，这样就把导航栏完全复制过来了，如图3-49所示，切换到“设计”视图，查看效果如图3-50所示。

图3-48

```
23
24  <body>
25  <table width="990" border="0" align="center" cellpadding="0" cellspacing="0">
26    <tr>
27      <td><img src="images/banner.jpg" width="990" height="85" alt="上海御景无忧设计公司" /></td>
28    </tr>
29  </table>
30  <table width="990" border="0" align="center" cellpadding="0" cellspacing="0">
31    <tr>
32      <td class="nav"><table width="990" border="0" cellspacing="0" cellpadding="0">
33        <tr>
34          <td width="132" height="35" align="center">网站首页</td>
35          <td> </td>
36          <td>公司简介</td>
37          <td> </td>
38          <td>企业文化</td>
39          <td> </td>
40          <td>新闻资讯</td>
41          <td> </td>
42          <td>成功案例</td>
43          <td> </td>
44          <td>在线留言</td>
45          <td> </td>
46          <td>联系我们</td>
47        </tr>
48      </table></td>
49    </tr>
50  </table>
51  </body>
52  </html>
```

图3-49

图3-50

STEP 05 导航栏下方的幻灯部分，会在以后学习的章节中详细介绍，这里只简单介绍它的创建步骤。将光标置于表格外，如图3-51所示，执行“插入”→“表格”命令，在弹出的“表格”对话框中，设置“行数”为“1”，“列数”为“1”，“表格宽度”为“990”像素，“边框粗细”为“0”像素，“单元格边距”为“0”，“单元格间距”为“0”，如图3-52所示，单击“确定”按钮。

图3-51

表格

表格大小

行数: 1　列: 1

表格宽度: 990　像素

边框粗细: 0　像素

单元格边距: 0

单元格间距: 0

标题

无　左　顶部　两者

辅助功能

标题:

摘要:

帮助　确定　取消

图3-52

STEP 06 选中整个表格，在“属性”面板中，设置对齐为“居中对齐”，将光标定位在表格中，切换到“代码”视图，在所选单元格内添加如图3-53所示代码，切换到“设计”视图，查看效果如图3-54所示。

```
45      <td>
46        <div id="divFlash" align="center">
47          <img src="images/f1.jpg" alt="" id="div1" />
48          <img src="images/f2.jpg" alt="" id="div2"  style="display:none;" />
49          <img src="images/f3.jpg" alt="" id="div3" style="display:none;" />
50          <img src="images/f4.jpg" alt="" id="div4" style="display:none;" />
51        </div>
52      </td>
```

图3-53

图3-54

STEP 07 将光标置于幻灯部分表格外，执行“插入”→“图像”命令，弹出“选择图像源文件”对话框，如图3-55所示，选择站点中images目录下的图像文件“bg2.jpg”后，单击“确定”按钮。

STEP 08 选中图像在“属性”面板中设置“宽”为“990”，“高”为“18”，如图3-56所示。

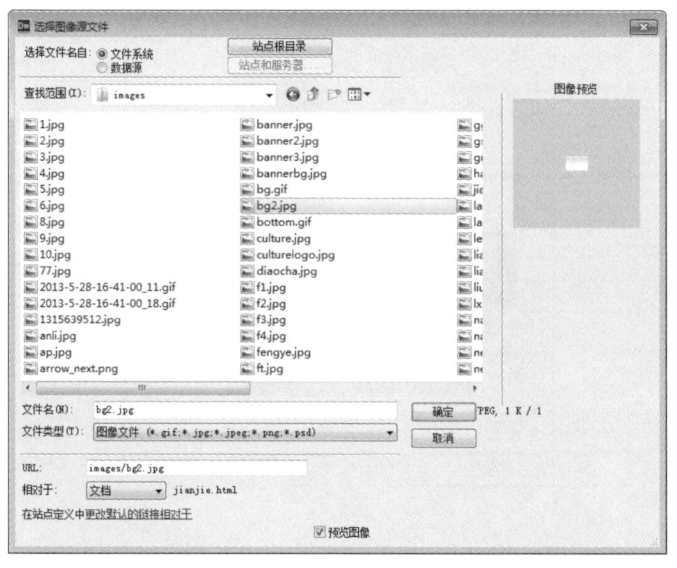

图3-55

图3-56

STEP 09 将光标置于图像表格外，如图3-57所示，执行“插入”→“表格”命令，在弹出的“表格”对话框中，设置“行数”为“1”，“列数”为“2”，“表格宽度”为“990”像素，“边框粗细”为“0”像素，“单元格边距”为“0”，“单元格间距”为“0”，如图3-58所示，单击“确定”按钮，选中整个表格，在“属性”面板中，设置对齐为“居中对齐”。

图3-57

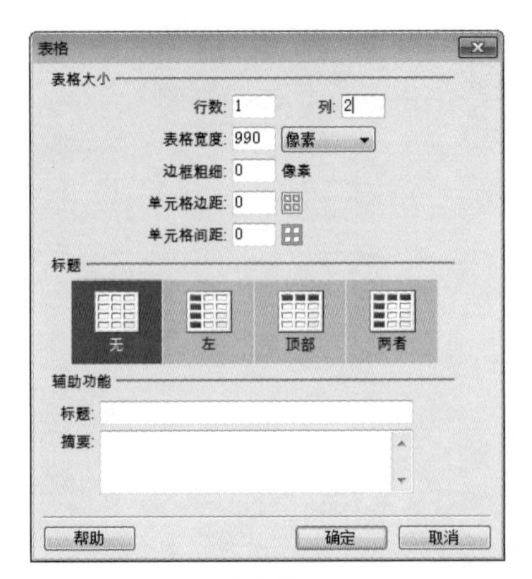

图3-58

STEP 10 将光标置于表格第1列位置，在“属性”面板中设置单元格“宽”为“225”，“背景颜色”为“#e6e0d0”，“垂直”为“顶端”，“水平”为“居中对齐”，如图3-59所示。

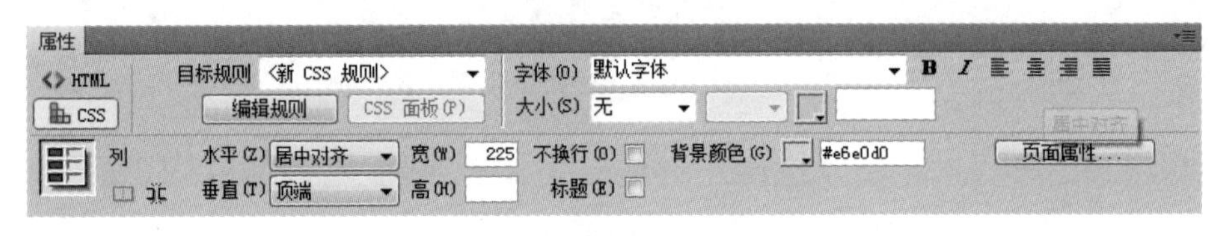

图3-59

STEP 11 将光标置于表格第1列位置，执行“插入”→“表格”命令，在弹出的“表格”对话框中，设置“行数”为“8”，“列数”为“2”，“表格宽度”为“210”像素，“边框粗细”为“0”像素，“单元格边距”为“0”，“单元格间距”为“0”，如图3-60所示，单击“确定”按钮。

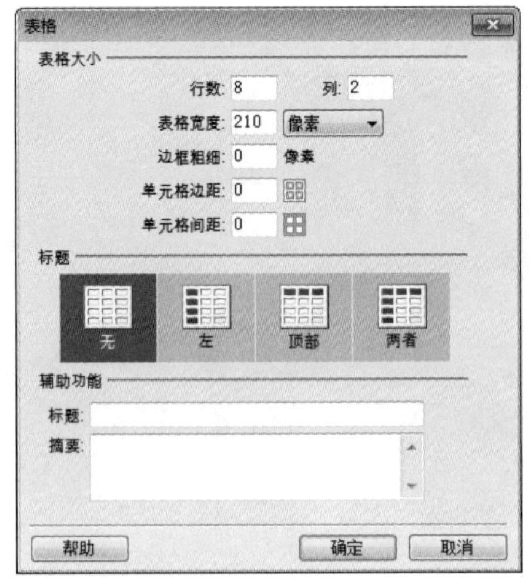

图3-60

STEP 12 选中表格的第1行，如图3-61所示，单击“属性”面板中的□按钮，合并所选的单元格，设置单元格“高”为“90”，“垂直”为“底部”，如图3-62所示。

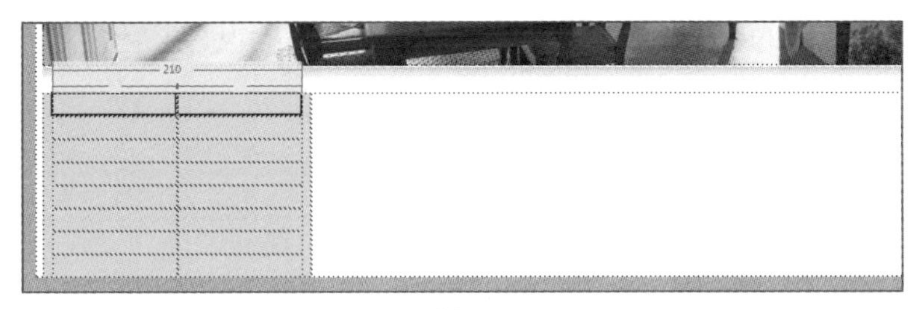

图3-61

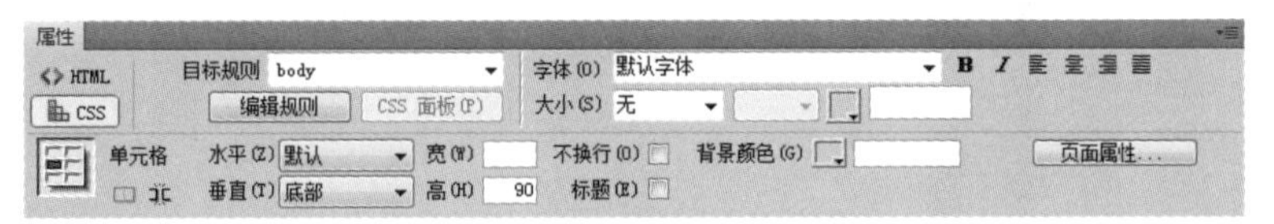

图3-62

STEP 13 将光标置于表格第1行位置，执行“插入”→“图像”命令，弹出“选择图像源文件”对话框，选择本地站点workspace中images\hanmu.jpg图片，单击“确定”按钮，弹出“图像标签辅助功能属性”对话框，输入替换文本，单击“确定”按钮，完成栏目导航图片插入，如图3-63所示。

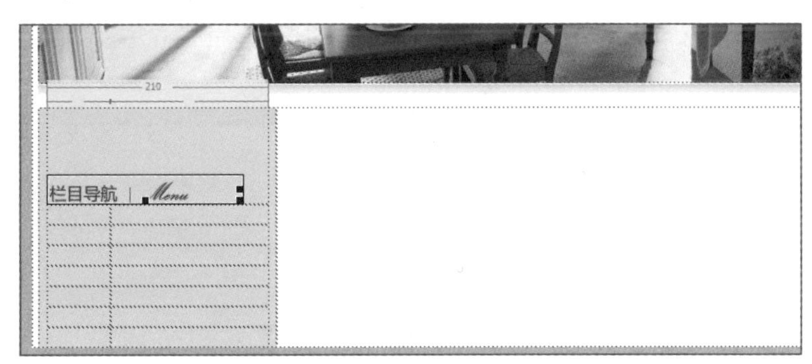

图3-63

STEP 14 将光标置于栏目导航图片外，切换到“代码”视图，在栏目导航图片后添加如图3-64所示代码，采用代码方式添加图片，切换到“设计”视图，查看效果如图3-65所示。

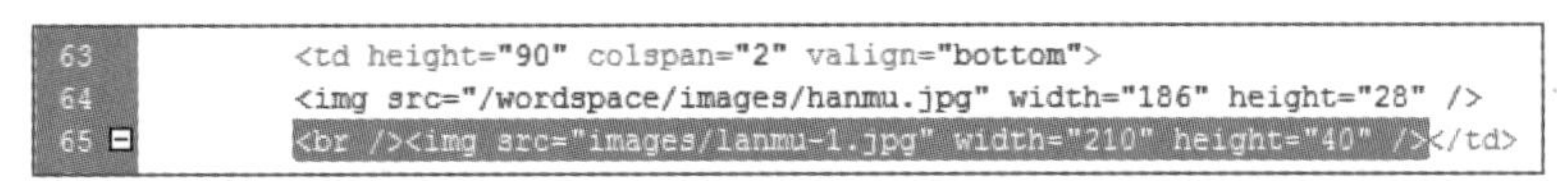

图3-64

图3-65

STEP 15 将光标置于表格第2行位置，切换到“代码”视图，在<head></head>标签下的<style type="text/css"></ style>标签内添加如图3-66所示代码，此段代码为CSS样式，在以后的章节中会详细学习，此处不再详细介绍。

```
17  .tdStyle
18  {
19      border-bottom:1px dotted #aa853b;
20      font-size: 12px;
21  }
22  .tdStyle a
23  {
24      color:#844a01;
25  }
26  .tdStyle a:hover
27  {
28      color:#FFF;
29      font-style:italic;
30      font-size:14px;
31      background-color:#F96;
32  }
```

图3-66

STEP 16 切换到“设计”视图，将光标置于表格第2行第1列位置，在“属性”面板中设置单元格“高”为“35”，“水平”为“居中对齐”，“目标规则”为“.tdStyle”，如图3-67所示。

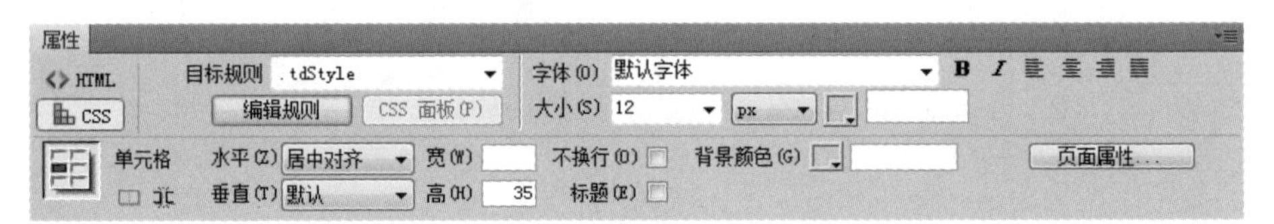

图3-67

STEP 17 执行“插入”→“图像”命令，弹出“选择图像源文件”对话框，选择本地站点workspace中images\lanmu-2.jpg图片，单击“确定”按钮，弹出“图像标签辅助功能属性”对话框，输入替换文本，单击“确定”按钮，完成图片插入，如图3-68所示。

图3-68

STEP 18 将光标置于表格第2行第2列位置，在“属性”面板中设置单元格“宽”为“132”，“目标规则”为“.tdStyle”，字体“大小”为“12px”，字体颜色为“#844a01”，输入文字

“公司简介”，如图3-69所示。

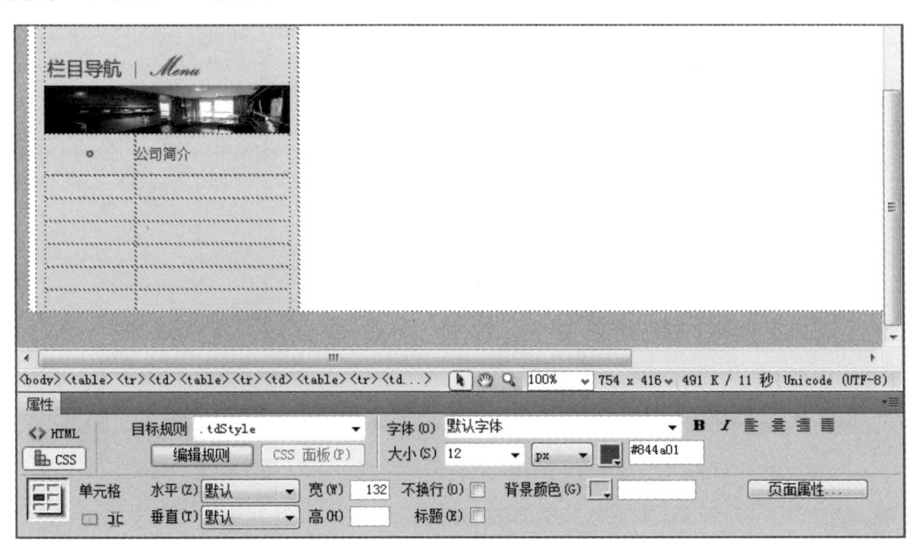

图3-69

STEP 19 按照上述步骤分别完成第3、4、5、6行的图片插入与文字输入，效果如图3-70所示。

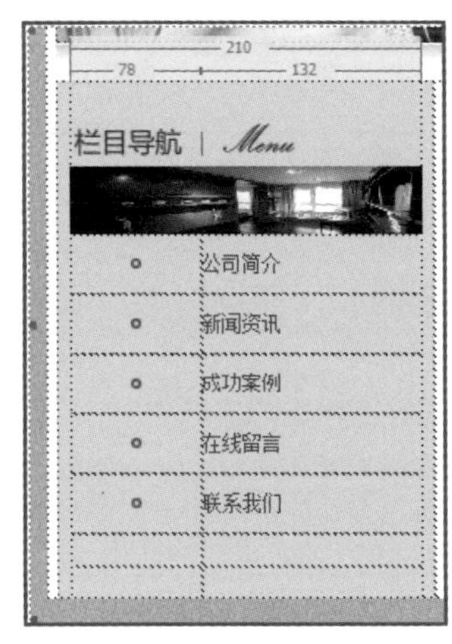

图3-70

STEP 20 选中表格的第7行，切换到“代码”视图，在<head></head>标签下的<style type=“text/css”></ style>标签内添加如图3-71所示代码。单击“属性”面板中的按钮，合并所选的单元格，设置单元格“高”为“50”，“目标规则”设置为“.tdStyle2”。执行“插入”→“图像”命令，弹出“选择图像源文件”对话框，选择本地站点workspace中images\lianxiwomen.jpg图片，单击“确定”按钮，弹出“图像标签辅助功能属性”对话框，输入替换文本，单击“确定”按钮，完成“联系我们”图片插入，效果如图3-72所示。

STEP 21 选中表格的第8行，单击“属性”面板中的按钮，合并所选的单元格。切换到“代码”视图，在单元格内添加5个“span”标签，设置标签的“class”属性为“lianxi”，代码如图3-73所示。在5个“span”标签分别输入相应文字，效果如图3-74所示。

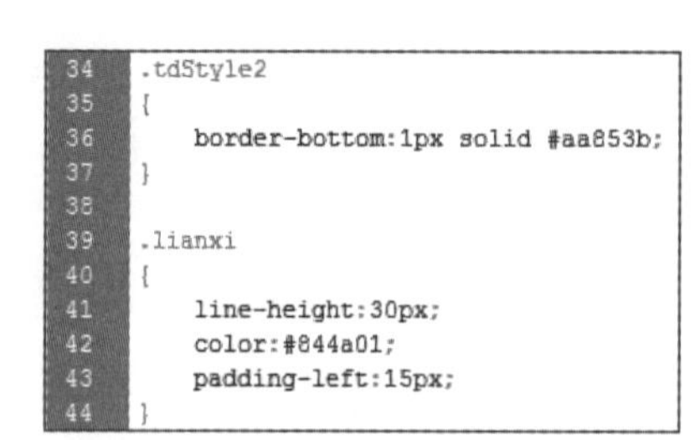

```
34 .tdStyle2
35 {
36     border-bottom:1px solid #aa853b;
37 }
38
39 .lianxi
40 {
41     line-height:30px;
42     color:#844a01;
43     padding-left:15px;
44 }
```

图3-71

图3-72

```
146                 <span class="lianxi"></span><br/>
147                 <span class="lianxi"></span><br/>
148                 <span class="lianxi"></span><br/>
149                 <span class="lianxi"></span><br/>
150                 <span class="lianxi"></span><br/>
```

图3-73

图3-74

STEP 22 按照上述介绍中的技巧，完成右侧公司简介部分的图片插入与表格布局，完成效果如图3-75所示。

图3-75

STEP 23 将光标置于公司简介表格中，如图3-76所示。执行“插入”→“表格”命令，在弹出的“表格”对话框中，设置“行数”为“2”，“列数”为“1”，“表格宽度”为“690”像素，“边框粗细”为“0”像素，“单元格边距”为“0”，“单元格间距”为“0”，如图3-77所示，单击“确定”按钮，在第1行表格中输入公司简介的相关文字，效果如图3-78所示。

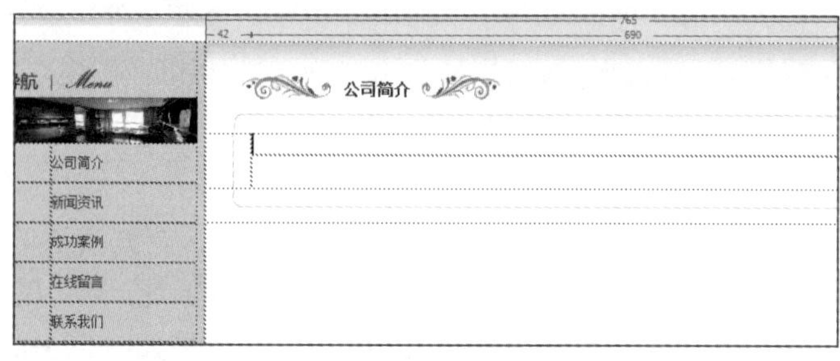

图3-76

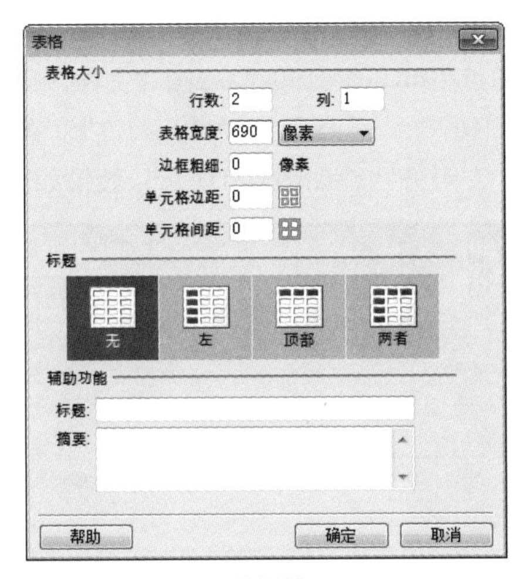

图3-77

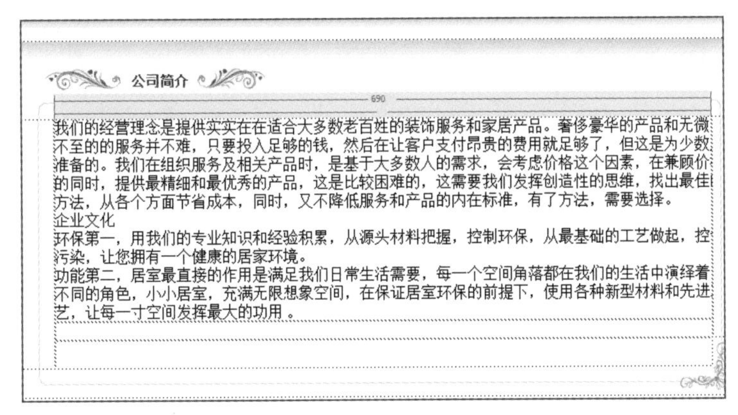

图3-78

STEP 24 选中文字，在“属性”面板中，设置“大小”为“12像素”、字体颜色为“#636363”，并命名CSS规则名为“.jianjie”，如图3-79所示，效果如图3-80所示。

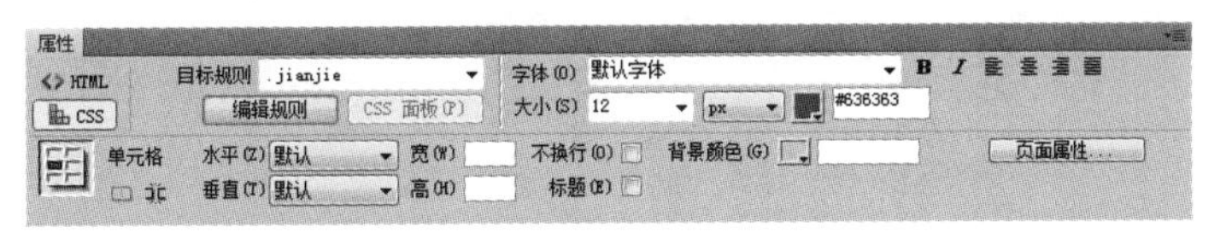

图3-79

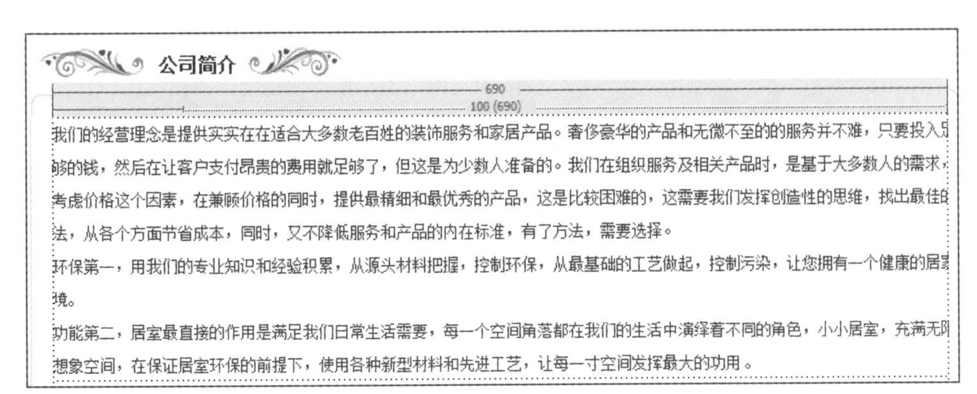

图3-80

STEP 25 将光标转入“公司简介”正文开始处，执行“插入”→“图像”命令，弹出“选择图像源文件”对话框，选择站点中images\fengye.jpg图片文件，添加图片。选中图片，在“属性”面板中，设置“宽”为“160”，“高”为“110”，“垂直边距”为“10”，“水平边距”为“15”，“对齐”为“左对齐”，如图3-81所示，效果如图3-82所示。

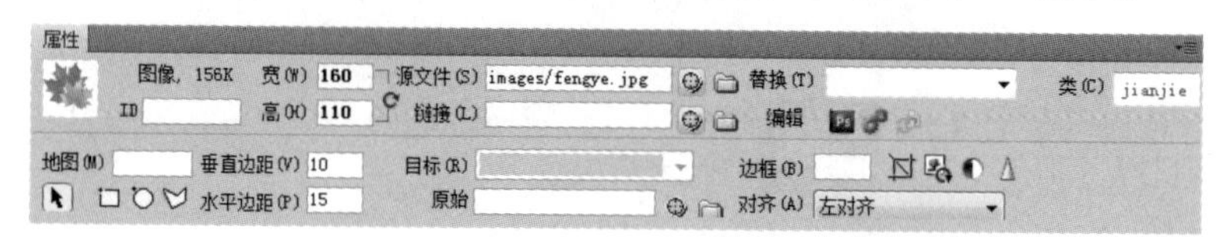

图3-81

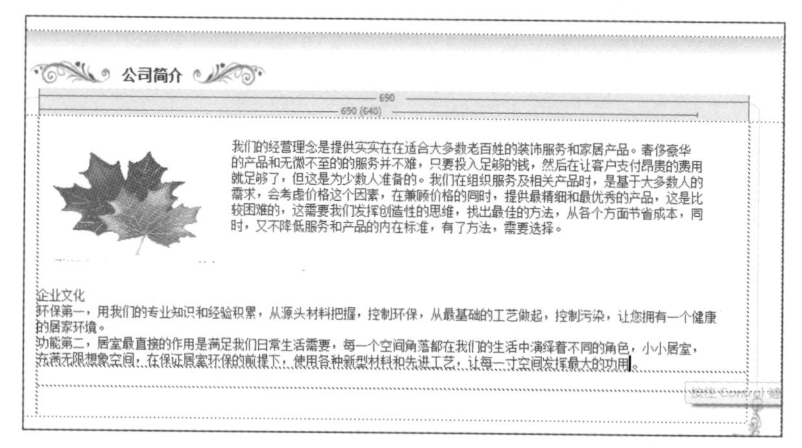

图3-82

STEP 26 选中文字“企业文化”，在“属性”面板中，设置“大小”为“14px”、字体颜色为“#000”，设置字体为“加粗”，并命名CSS目标规则为“.jianjie2”，如图3-83所示，效果如图3-84所示。

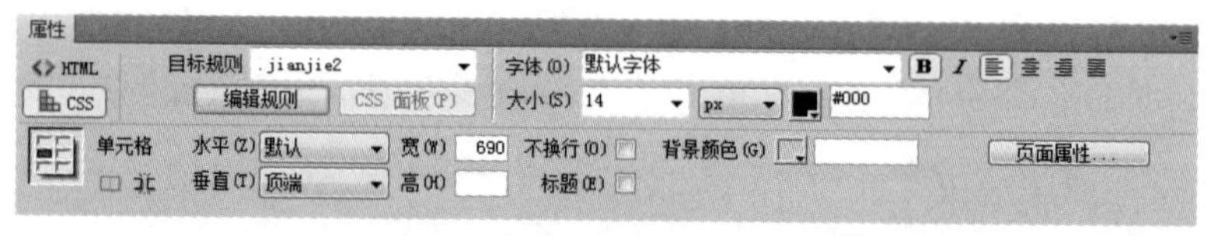

图3-83

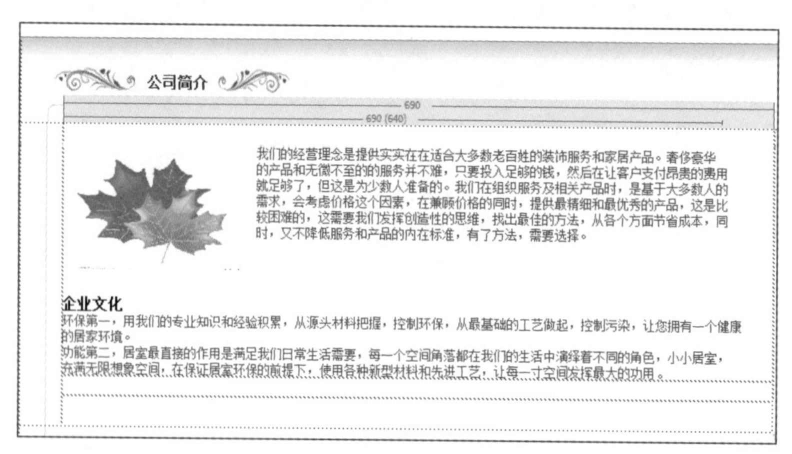

图3-84

STEP 27 将光标置于“企业文化”文字后，执行“插入”→“HTML”→“水平线”命令，如图3-85所示，效果如图3-86所示。

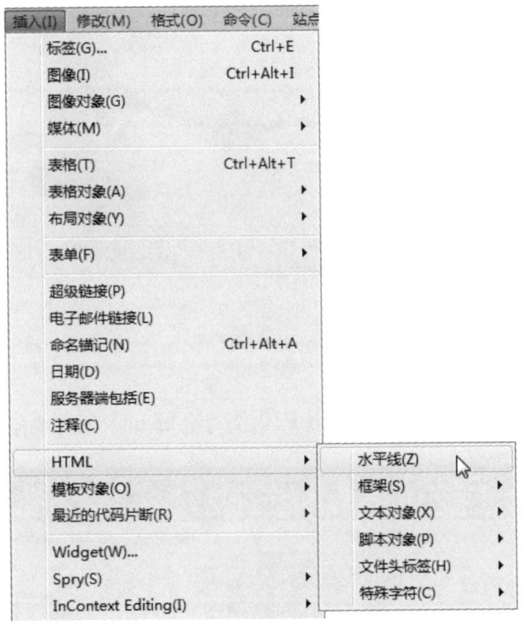

图3-85

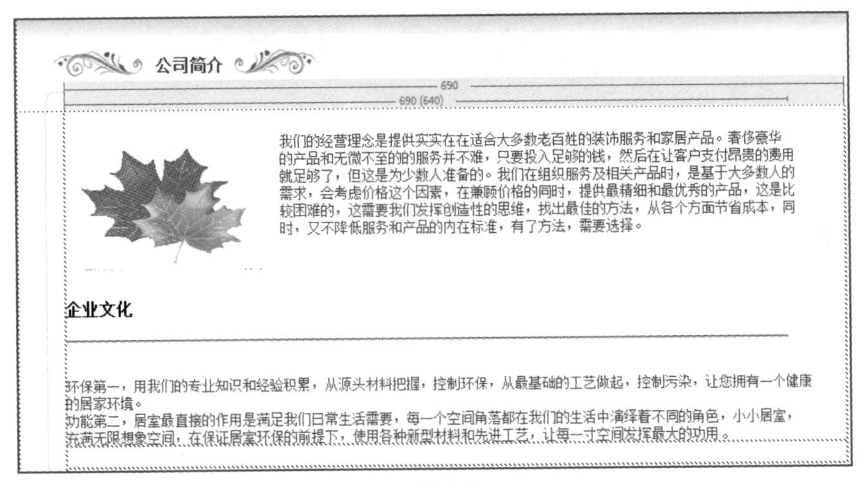

图3-86

STEP 28 将光标置于第2行表格中，在“属性”面板中设置单元格“水平”属性为“居中对齐”，执行“插入”→“图像”命令，弹出“选择图像源文件”对话框，选择站点中images\1315639512.jpg图片文件，添加图片。选中图片，在“属性”面板中，设置“宽”为“660”，“高”为“300”，如图3-87所示，效果如图3-88所示。

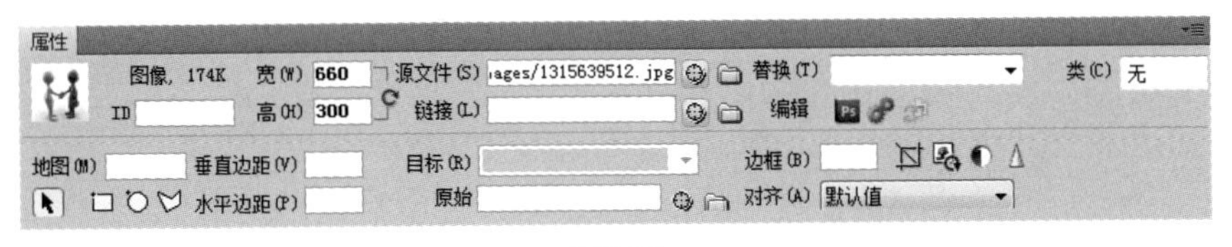

图3-87

图3-88

STEP 29 执行“文件”→“保存”命令，按F12键浏览页面，效果如图3-89所示。

图3-89

Dw 知识点拓展

知识点1　切片

1. 切片的概念

切片就是将一幅大图像分割成一些小的图像切片，然后在网页中通过没有间距和宽度的表格重新将这些小的图像拼接起来，成为一幅完整的图像。这样做可以减小图像的大小，减少网页的下载时间，并且能够制作出交互的效果。

2. 切片的优点

切片有如下优点。

- 缩短下载时间：当网页上的图片较大时，浏览器下载整个图片需要花很长的时间，使用切片可以把整个图片分为多个不同的小图片后分开下载，这样下载的时间就大大缩短了。
- 制作动态效果：利用切片可以制作出各种交互效果。
- 优化图像：完整的图像只能使用一种文件格式，应用一种优化方式，而对作为切片的各幅小图片就可以分别对其优化，并且根据各幅切片的情况还可以保存成不同的文件格式。这样既能够保证图片的质量，又能够使图片变小。
- 创建链接：切片制作好之后，就可以对不同的切片制作不同的链接了，而不需要在大的图片上创建热点。

知识点2　网页设计切图技巧

制作网站必须先进行规划设计，用笔在纸上设计网页结构，使用Photoshop做出效果图，然后进行切图。

1. 切图原则

- 图切得越小越好。
- 图切得越少越好。

对于一整张图来说，同时达到以上两个目标是矛盾的。针对这点，一般将一个网页切成20～30个图，加载速度是不受影响的。

2. 切图技巧

- 一行一行的切。

- 背景图切成小条。
- 不能分开的不要切分；选行的时候要注意合理性。
- 切的时候将图像放大，这样移动一个像素就非常明显，否则不能达到原图与网页的一致性。

知识点3　设置表格属性

表格属性的设置包括表格宽度、高度、填充、间距、对齐、边框、背景颜色、边框颜色、背景图像等，如图3-90所示。

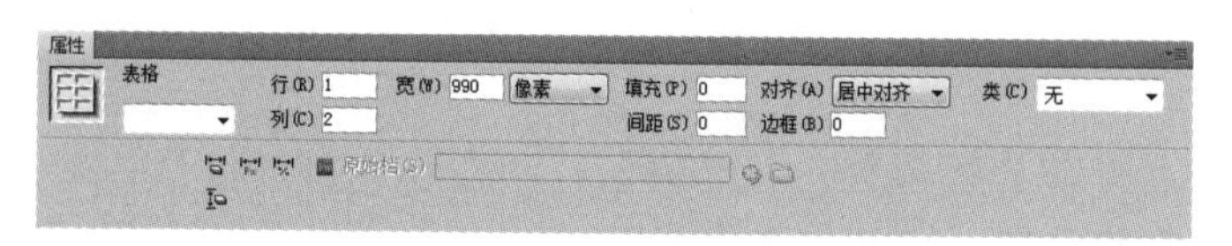

图3-90

各项说明如下。

- 行、列：设置表格中的行数和列数。
- 宽：设置表格的宽度。单位可以是像素，也可以是浏览器窗口的百分比，表格的高度一般不指定。
- 对齐：设置表格按浏览器左对齐、右对齐或居中对齐。默认设置为表格按浏览器左对齐。
- 清除行高、清除列宽：可以相应从表格中删除所有行高和列宽值。
- 将表格宽度转换成像素：可以将表格当前的以浏览器窗口百分比为单位的宽度转换为以像素为单位。而“将表格宽度转换成百分比”按钮则可以将以像素为单位的宽度转换为以浏览器窗口百分比为单位。
- 间距：设置表格单元格之间的距离。
- 填充：设置单元格内容与单元格边缘之间的空间。如果没有指定单元格间距和单元格填充的值，则“Internet Explorer”和“Dreamweaver”都默认将单元格“间距”设置为2，单元格“填充”设置为1。
- 边框：设置围绕表格的边框宽度（单位为像素）。
- 边框颜色：设置整个表格的边框颜色。

提 示

将表格的宽度单位设置为百分比的样式后，该表格将会随浏览器窗口大小的改变而改变，如果该表格是嵌套在其他表格之中，那么该表格宽度将随其他表格宽度的变化而发生变化。设置为像素的样式，该表格将是固定大小。

知识点4 设置单元格属性

在编辑网页时除可以设置整个表格的属性外，还可以设置行、列或单元格的属性。选中要设置相同属性的一个或多个单元格，在“属性”面板中就可以设置其属性，如图3-91所示。

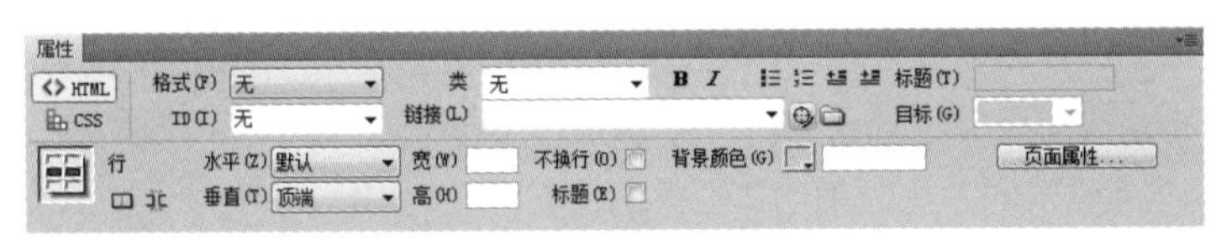

图3-91

- 水平：设置单元格内容的水平对齐方式。有4个值：默认（即普通单元格左对齐、标题单元格居中对齐）、左对齐、右对齐和居中对齐。
- 垂直：设置单元格内容的垂直对齐方式。有5个值：默认（通常为中间对齐）、顶端、居中、底部和基线。
- 宽、高：设置单元格的宽度和高度，单位是像素。要使用百分比，则在数值后添加百分比符号（%）。
- 背景：设置单元格背景图片。
- 背景颜色：设置单元格背景颜色。
- 边框：设置单元格的边框颜色。
- 合并所选单元格，使用跨度：该按钮可以合并单元格。在合并之前需选定相邻单元格，否则合并按钮无效。
- 拆分单元格为行或列：该按钮可以拆分单元格。在拆分之前要先选定要拆分的单元格。
- 不换行：选中该复选框之后将禁止文字换行。这样可使单元格扩展宽度以包容所有数据。一般来说，单元格都是先最大限度的横向扩展以包容数据，然后才会纵向扩展。
- 标题：将每个单元格设置为表格标题。在默认情况下，表格标题单元格中的内容将被设置为粗体并居中对齐。

提 示

在页面排版时，往往由于表格嵌套导致表格元素不好选择，此时可以利用标签栏进行选择，如单击标签栏中的<tr>标签可以选择表格的行，单击<table>表格可以选择表格等。

知识点5 表格的排序

排序功能主要是针对具有格式数据的表格，是制作数据表格过程中经常用到的一种功能，是根据表格列表中的数据来排序的。

首先选中表格，执行“命令”→“排序表格”命令，弹出如图3-92所示的“排序表格”对话框，从中设置排序依据的列数以及排序方式等。设置完成后单击“确定”按钮即可。

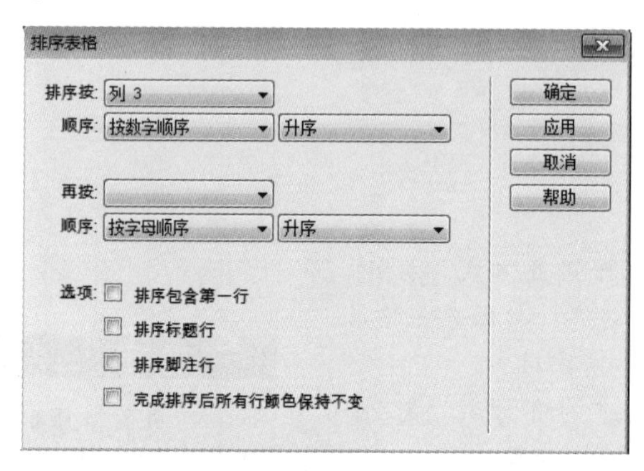

图3-92

其中，在“排序表格”对话框中，可以设置以下参数：

- 顺序按：用于确定按表格哪一列的值对表格的行进行排序。
- 顺序：用于确定是按字母还是按数字顺序，以及升序还是降序进行排序。
- “再按”和“顺序”：用于确定在不同列上第二种排列方法的排列顺序。
- 排序包含第一行：用于指定表格的第一行也包括在排序中。
- 排序标题行：用于对表格的标题部分中的所有行按照与主体行相同的条件进行排序。
- 排序脚注行：用于对表格的脚注部分中的所有行按照与主体行相同的条件进行排序。
- 完成排序后所有行颜色保持不变：排序之后表格行的颜色与同一内容保持一致。

提 示

如果在表格中既设置了表格的背景色，又设置了行背景色和单元格背景色，那么在浏览器中显示的原则是由内向外替换，也就是说，TD的背景色会替代TR，而TR的背景色会替代Table。

Dw 独立实践任务

任务4　制作“首页”网页

任务背景

每个网站都有“首页”页面，对于阳步楼梯网站，也要有自己的个性首页，使得通过首页就可以展示整个网站的风格与内容，页面参考图如图3-93所示。

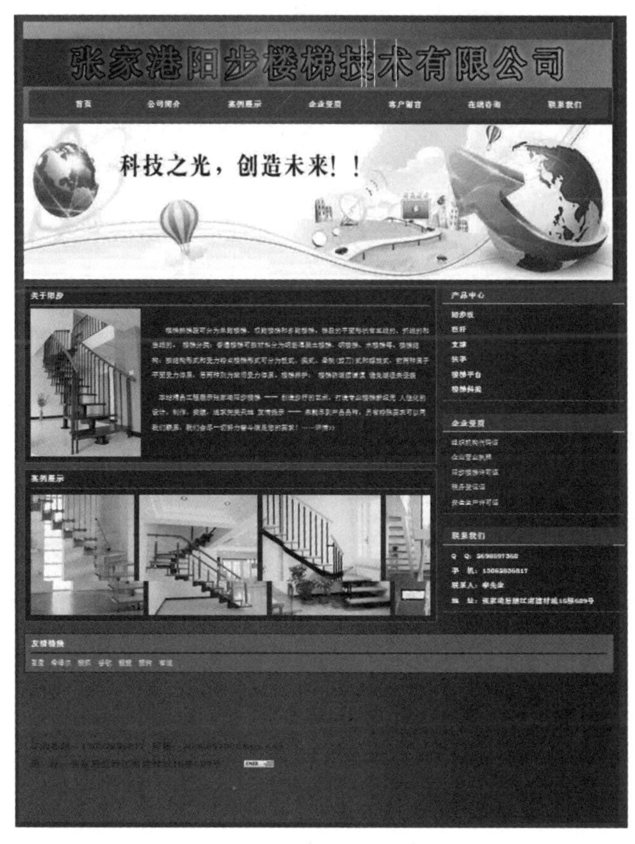

图3-93

任务要求

打开“首页.jpg”图片，使用Photoshop软件进行切图，并使用表格对网页进行布局，制作首页页面。

【技术要领】切图要一行一行地切，并且细致，表格要统一

【解决问题】在切图时，要放大图片，在绘制表格时上下最外表格宽度要一致

【应用领域】个人网站，企业网站

【素材来源】光盘:\素材文件\模块04\首页.jpg

任务分析

主要制作步骤

Dw 职业技能考核

一、选择题

1. 在Dreamweaver CS6中，插入表格所用的按钮是（　）。

A.　　B.　　C.　　D.

2. 在Dreamweaver CS6中用表格导入文本数据时，下列（　）不是默认的定界符。

A. ;　　B. ,　　C. 。　　D. :

3. 文字“属性”面板中的按钮的意义是（　）。

A. 常用　　B. 文本　　C. 字符　　D. 文本缩进

4. 下列（　）不是文本的对齐方式。

A. 左对齐　　B. 垂直居中　　C. 水平居中　　D. 右对齐

5. 选择如下的（　）样式，可以得到abc效果。

A. 强调　　B. 下划线　　C. 打字型　　D. 删除线

6. <th>和</th>所定义的表格头，通常显示在表格的（　）。

A. 第一行　　B. 中间行　　C. 最后行　　D. 第二行

二、填空题

1. 按钮表示__________，按钮表示__________。

2. 要制作不规范的表格，则可对表格进行__________和__________操作。

3. 在用表格导入数据时，必须将表格先转换成__________格式，才可以导入到Dreamweaver中来。

4. 一个链接包括的两个元素是__________和__________。

5. 如果在网页中插入“换行符”，其相应的HTML代码是__________。

6. 表格的边框宽度单位为__________。

学习心得

模块04 创建和管理网页链接

一个完整的网站是由很多网页组成的，浏览网页时能够很轻松的从一个页面跳转到另一个页面，这就是由于超链接的存在。作为网页的组成部分之一，超链接起到了把因特网上众多分散的网站和网页联系起来，构成一个有机整体的作用。通过单击网页上的链接，可以在信息海洋中尽情遨游。

网页链接分为内部链接、锚点链接和外部链接3种类型。在这个模块中，将通过7个任务，分别讲述3种类型中的文字链接、图形链接、图形热区链接、锚点链接等内容，同时结合站点管理器，介绍一些创建链接的高级技巧。

能力目标：

1. 能够创建文字、图形、锚点等各种链接
2. 能够灵活使用各种链接

知识目标：

1. 掌握各种链接的创建方法、要领、技巧
2. 理解绝对路径的概念
3. 理解根相对路径、文档相对路径的概念

课时安排： 6课时（讲课3课时，实践3课时）

Dw 模拟制作任务

【本模拟制作任务素材来源】 “光盘:\素材文件\模块04”目录下
【本模拟制作任务操作视频】 “光盘:\操作视频\模块04”目录下

任务1 为网站首页导航栏添加文字超链接

任务背景

某家装公司网站首页页面设计已经基本完成，但是导航栏还未添加超链接。需要给导航栏添加超链接，使各个分散的网页连成一体，构成一个整体的网站，如图4-1所示。

任务要求

通过本任务的学习，要求掌握文字超链接的创建方法，并为网站首页导航栏添加超链接。

上海御景无忧家装设计公司
选择我们，让您享受专业、品质化的服务
网站首页 公司简介 企业文化 新闻资讯 成功案例 在线留言 联系我们

图4-1

任务分析

本任务难度较低，通过Dreamweaver的“属性”面板可以轻松完成。

重点、难点

重点要求掌握添加文字超链接的方法。

【技术要领】 通过“属性”面板，设置链接网页文字
【解决问题】 创建文字链接
【应用领域】 个人网站，企业网站

任务详解

STEP 01 打开网页index.html，选中需要添加超链接的文字，如“公司简介”。在“属性”面板中设置属性，如图4-2所示。

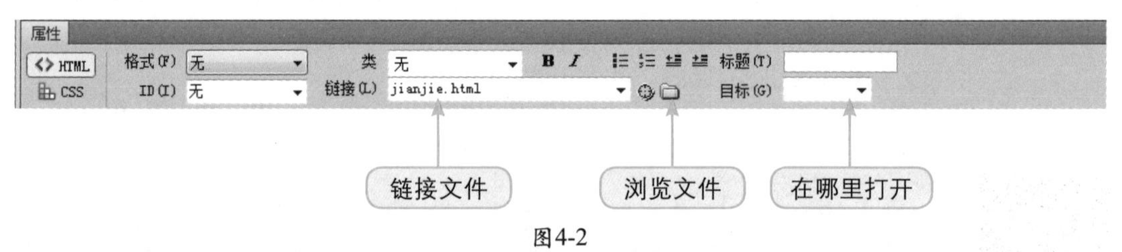

图4-2

STEP 02 单击“浏览文件”按钮，弹出“选择文件”对话框，在“查找范围”下拉列表框中查找到“公司简介”需要链接到的网页jianjie.html，单击“确定”按钮，如图4-3所示。然后在“属性”面板中的“目标”下拉列表框中选择“_self”选项，这样链接的网页就替换当前的网页打开了。

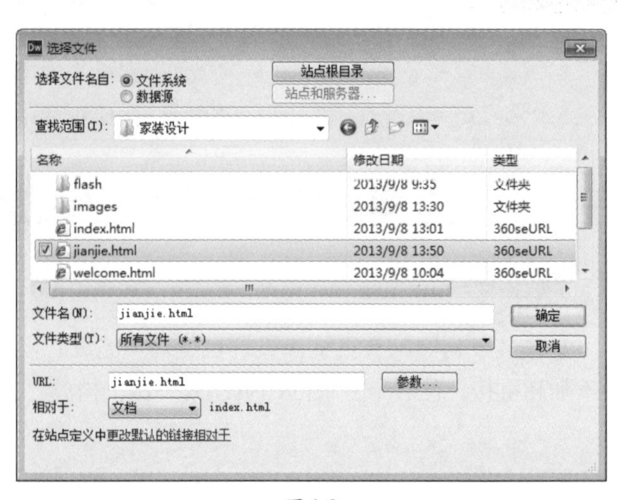

图4-3

STEP 03 使用同样的方法，给导航栏上所有文字都添加超链接。制作完毕，按F12键预览效果。

任务2　创建图片链接

任务背景

某家装公司网站首页中的很多图片还未添加超链接，需要给各种图片添加超链接，如图4-4所示。

我们的经营理念是提供实实在在适合大多数老百姓的装饰服务和家居产品。奢侈豪华的产品和无微不至的的服务并不难，只要投入足够的钱，然后在让客户支付昂贵的费用就足够了，但这是为少数人准备的。我们在组织服务及相关产品时，是基于大多数人的需求，会考虑价格这个因素，在兼顾价格的同时，提供最精细和最优秀的产品，这是比较困难的，这需要我们发挥创造性的思维，找出最佳的方法，从各个方面节省成本，同时，又不降低服务和产品的内在标准，有了方法，需要选择。
为图片添加超链接

图4-4

任务要求

通过本任务的学习，要求掌握图片超链接的创建方法，并为网站各类图片添加超链接。

任务分析

图片链接是一种十分常见的超链接形式，单击某张图片可以链接到某个网页，或者网页的某个部分等。创建图片链接的方法与创建文字链接基本一致。

重点、难点

重点要求掌握图片超链接的创建方法。

【技术要领】 通过“属性”面板，设置链接网页图片
【解决问题】 创建图片链接
【应用领域】 个人网站，企业网站

任务详解

STEP 01 打开网页index.html，选择需要添加链接的图片，如图4-5所示。

我们的经营理念是提供实实在在适合大多数老百姓的装饰服务和家居产品。奢侈豪华的产品和无微不至的的服务并不难，只要投入足够的钱，然后在让客户支付昂贵的费用就足够了，但这是为少数人准的。我们在组织服务及相关产品时，是基于大多数人的需求，会考虑价格这个因素，在兼顾价格的同，提供最精细和最优秀的产品，这是比较困难的，这需要我们发挥创造性的思维，找出最佳的方法，各个方面节省成本，同时，又不降低服务和产品的内在标准，有了方法，需要选择。

图4-5

STEP 02 执行“窗口”→“属性”命令，弹出“属性”面板，单击“链接”后面的“浏览文

件”按钮，在弹出的对话框中选择素材网页jianjie.html，单击“确定”按钮，然后在“属性”面板中的“目标”下拉列表框中选择“_blank”选项（选择该选项，表示单击链接后，将在新的浏览器窗口中打开链接的网页），如图4-6所示。

属性
图像，156K
Src images/fengye.jpg
链接(L) jianjie.html
目标(R) _blank
替换(T)
编辑
宽(W) 160 px
高(H) 110 px
Class 无
ID
地图(M)
原始

图4-6

STEP 03 设置好图片链接后，执行“文件”→“保存”命令，按F12键浏览，当光标被置于设有链接的图片上时，光标变成小手形状，如图4-7所示。

我们的经营理念是提供实实在在适合大多数老百姓的装饰服务和家居产品。奢侈豪华的产品和无
微不至的的服务并不难，只要投入足够的钱，然后在让客户支付昂贵的费用就足够了，但这是为
少数人准备的。我们在组织服务及相关产品时，是基于大多数人的需求，会考虑价格这个因素，
在兼顾价格的同时，提供最精细和最优秀的产品，这是比较困难的，这需要我们发挥创造性的思
维，找出最佳的方法，从各个方面节省成本，同时，又不降低服务和产品的内在标准，有了方法

图4-7

任务3　创建图片热区链接

任务背景

在前面的任务中，已经制作完成某家装公司网站的导入页，但是图片热区链接还未完成。所谓的“图片热区链接”，就是指图片中的某些区域具有链接响应，而不是整个图片，如图4-8所示。

上海御景无忧家装设计公司

图4-8

任务要求

通过本任务的学习，要求掌握图片热区链接的创建方法，并为网站导入页添加热区链接。

任务分析

为图片添加超链接，选中的是整个图片，如果只想让图片某些区域响应超链接，或者一张图片不同区域分别设置不同的超链接，就需要用到“热区链接”。

重点、难点

本任务难点是创建不同形状的图片热区链接，重点是掌握各种图片热区超链接的创建方法。

【技术要领】使用热区工具，绘制热区，然后通过"属性"面板，设置链接网页
【解决问题】创建热区链接
【应用领域】个人网站，企业网站

任务详解

STEP 01 打开"导入页.html"网页，单击页面中间的图片，在"属性"面板中，选择"矩形热区工具"，如图4-9所示。

图4-9

STEP 02 将鼠标指针移动到图形上，这时指针变为"十"字形，在图形上绘制出矩形区域，如图4-10所示。绘制出的区域为能够响应超链接的区域，所以不妨考虑一下区域多大比较适合。通过"指针热点"工具，可以更改区域的大小和位置。

图4-10

STEP 03 在"属性"面板上单击"浏览文件"按钮，设置"链接"文件为网站首页index.html，打开"目标"为"_self"，"替换"文本为"进入首页"，如图4-11所示。属性设置完毕，按F12键浏览效果。

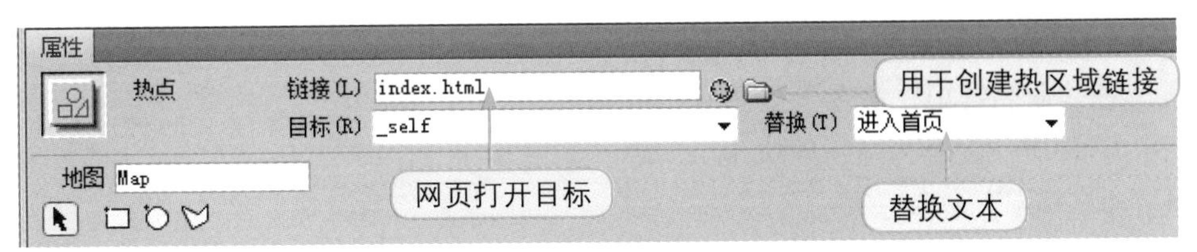

图4-11

任务4　创建锚记链接

任务背景

当一个网页的主题或文字较多时，可以在网页内建立多个标记点，将超链接指定到这些标记点上，能够使浏览者快速找到要阅读的内容，这些标记点被称为“锚点”或“锚记”。现需要为某家装公司网站首页添加锚点，如图4-12所示。

图4-12

任务要求

在网站首页顶部添加锚记，在网页底部添加文字“返回顶端”，单击可以实现从网页的底端跳到顶端的效果。

任务分析

本任务主要包括两部分：第一部分是在网页顶部适合的位置插入一个锚记，第二部分是在网页的底部做一个链接，链接到这个锚记上。

重点、难点

锚记链接的难点是从一个页面链接到其他页面的某个锚记。重点要求掌握锚记的创建和链接。

【技术要领】设置锚记，通过“属性”面板，设置链接网页
【解决问题】锚记链接
【应用领域】个人网站，企业网站

任务详解

STEP 01 打开素材网页index.html，将光标置入网页顶端要插入锚记的位置，然后插入锚记。插入锚记的方法有两种：一种是执行“插入”→“命名锚记”命令，如图4-13所示。另一种是在插入栏上执行“常用”→“命名锚记”命令。

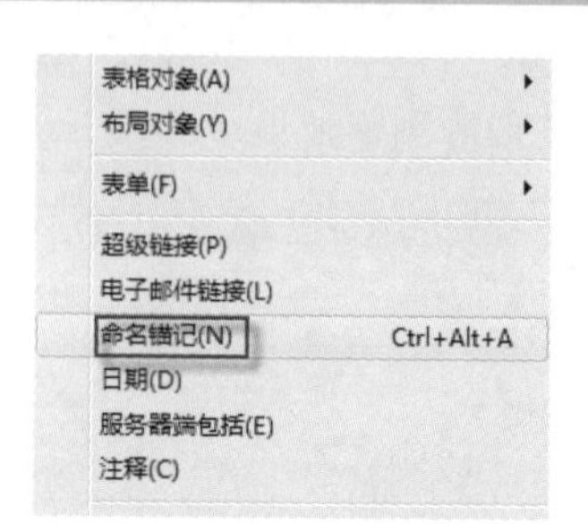

图4-13

STEP 02 弹出“命名锚记”对话框，将锚记命名为index_top，如图4-14所示，单击“确定”按钮后可见锚记标记。

图4-14

提 示

浏览网页的时候，这个锚记能被看见吗？通常用Dreamweaver打开下载的网页模板，也常常可以看到标记。

STEP 03 在首页底端添加文字“返回顶端”并选中，如图4-15所示，在“属性”面板的“链接”文本框中输入“#index_top”，如图4-16所示。需要注意的是“#”符号不能省略。

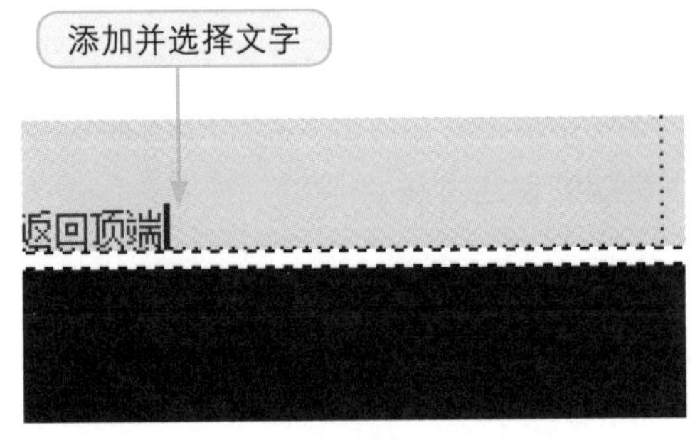

图4-15

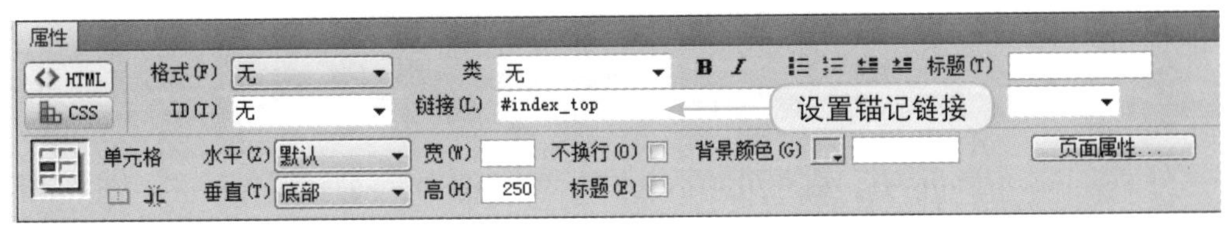

图4-16

STEP 04 保存网页文档，按F12键预览网页。

任务5 创建电子邮件链接

任务背景

通过以上4个任务的学习，可以知道超链接最常见的链接对象是网页文件。在某些网页中，当访问者单击某个链接后，会自动打开电子邮件的客户端软件（如Outlook或Foxmail等），向某个特定的Email地址发送邮件，就是电子邮件链接，现需为网站“首页”页面“联系我们”栏目中的Email添加电子邮件链接，如图4-17所示。

李经理：13918888888

张经理：15968888888

电话：021-6855888

E-mail: yujingwuyou@gmail.com

地址：上海浦泉山区商务市场

图4-17

任务要求

通过“属性”面板为首页“联系我们”中的Email地址添加电子邮件链接。

任务分析

电子邮件链接是一种常见的、实用的链接种类，可以依附于文字或图片，单击该文字或图片，就可以打开电子邮件软件开始写邮件，十分方便。

重点、难点

重点要求掌握电子邮件链接的创建方法。

【技术要领】 通过“属性”面板，设置链接邮件
【解决问题】 邮件链接
【应用领域】 个人网站，企业网站

任务详解

STEP 01 打开index.html网页。选择网页上的文字“yujingwuyou@gmail.com”，在“属性”面板上，设置“链接”为“mailto: yujingwuyou@gmail.com”。电子邮件前要加“mailto：”，如图4-18所示。

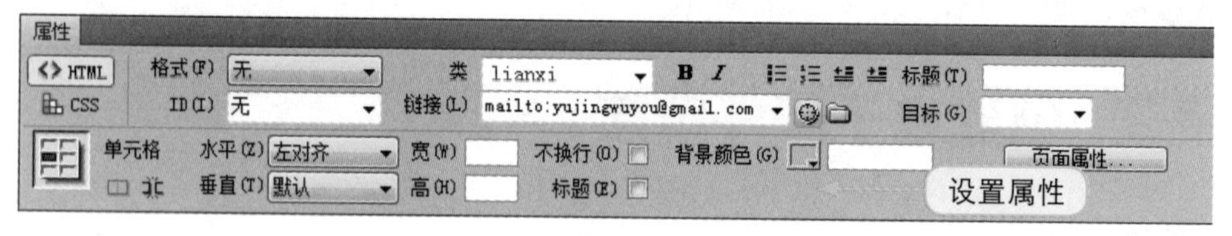

图4-18

提 示

很多网页中有“给我来信”等文字，单击这些文字，可以链接到某个电子邮件上，其制作方法是否与此类似？

STEP 02 执行“文件”→“保存”命令，按F12键浏览，效果如图4-17所示。

STEP 03 在制作电子邮件链接的时候还可以加入电子邮件的主题，只需在“属性”面板的“链接”文本框中输入语句“mailto: yujingwuyou@gmail.com?subject=联系我们”，则在电子邮件中可自动加上主题“联系我们”。

任务6 创建外部链接网页

任务背景

网页中经常有“友情链接”部分，单击链接文字，可以链接到该网页上。单击某个超链接，能够链接到其他网站的链接称之为外部链接。现需要为某家装公司网站创建外部链接网页，将其链接到“中国劳保人论坛”网站中，如图4-19所示。

图4-19

任务要求

在某家装公司网站中，为网页底部的“中国劳保人论坛”这个名称添加链接，单击可链接到该企业网站。

任务分析

外部链接是一种常见的、实用的链接种类，是把自己的网站和别人的网站链接起来的重要方式。在文字或者图片上同样也可以创建外部链接。

重点、难点

重点要求掌握外部链接创建的方法和注意事项。

【技术要领】 通过“属性”面板，设置外部链接
【解决问题】 网页的外部链接
【应用领域】 个人网站，企业网站

任务详解

STEP 01 打开index.html网页，选中文字“中国劳保人论坛”，在“属性”面板中，设置“链接”为“http://bbs.chinalaobao.com/”，目标为“_blank”。注意：www前要加“http://”，如图4-20所示。

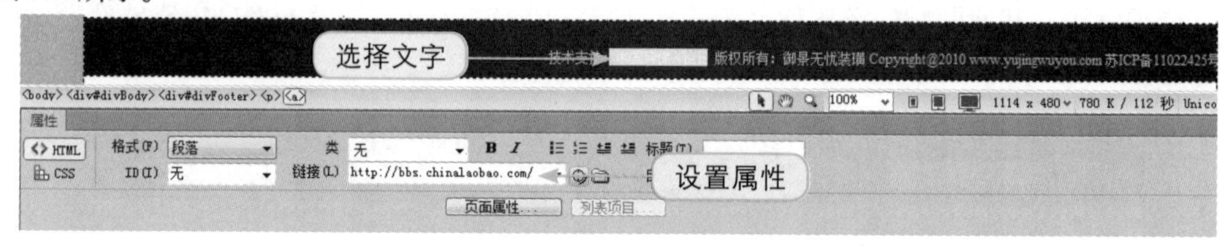

图4-20

STEP 02 执行“文件”→“保存”命令，按F12键浏览效果。

任务7 创建其他类型的链接

任务背景

除了前面介绍的几种超链接类型外，在网页制作过程中，还有文件链接、空链接、脚本链接等。

任务要求

掌握文件链接、空链接、脚本链接的基本操作。

任务分析

文件链接用于链接某个图片或者某个压缩文件等，常被用做下载链接；空链接即没有链接任何东西，一般在网页开发过程中使用；脚本链接是结合脚本语言所做的超链接，其功能强大。

重点、难点

本任务难点是脚本链接的创建。重点要求了解和掌握空链接和文件链接创建的方法。

【技术要领】 通过“属性”面板或脚本进行设置
【解决问题】 其他链接
【应用领域】 个人网站，企业网站

任务详解

1. 创建文件链接

STEP 01 文件链接的超链接目标不是地址或网页，而是多媒体文件或者可执行文件，常见的是.exe、.rar、.zip文件或图片文件，制作文本链接的时候，先选择链接的文字或图片，然后在“属性”面板中的“链接”文本框中输入文件全称即可，如图4-21所示。

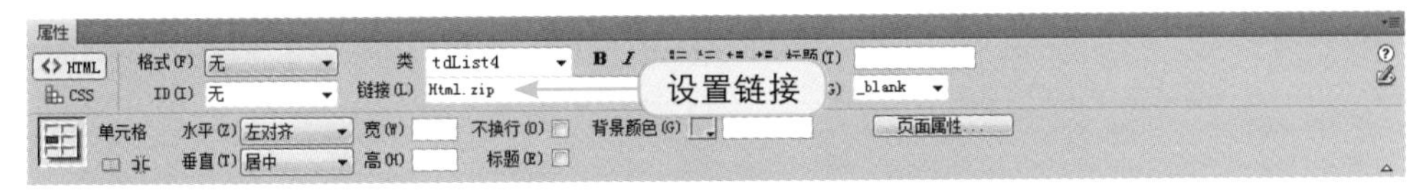

图4-21

2. 创建空链接

STEP 02 空链接，顾名思义就是单击该链接后不会打开网页或文件，创建空链接首先选中要链接的图片、图像或对象，然后在“属性”面板中的“链接”文本框中输入“#”符号即可，如图4-22所示。空链接创建完成后，被创建链接的文字或者图片也具有链接效果，如显示手型等。

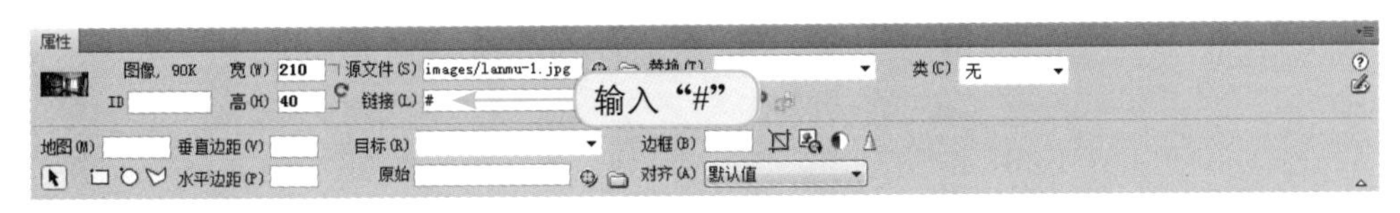

图4-22

3. 创建脚本链接

STEP 03 脚本链接用来执行JavaScript代码或者调用JavaScript函数。脚本链接的作用很大，能够在不离开当前Web页面的情况下为访问者提供有关某项的附加信息。详细功能查阅JavaScript相关资料。要创建脚本链接，首先选中要链接的文本、图像或对象，然后在“属性”面板中的“链接”文本框中输入“javascript:”，后跟一些JavaScript代码或一个函数调用（在冒号与代码或调用之间不能有空格）。例如，在“链接”文本框中输入javascript:alert（‘欢迎咨询合作！’），即可生成一个脚本链接，如图4-23所示。

图4-23

Dw 知识点拓展

知识点1 指向文件图标的使用

首先打开“文件”面板，然后在网页中选中要创建超链接的文字或图片，然后用鼠标拖拽“属性”面板上的“指向文件”图标，鼠标指针从图标处引出一条线，当拖拽到“文件”面板的“本地文件”窗口上的网页文件上时，文件外显示一个蓝色框，表示可以创建链接，将鼠标指针移到要链接的文件上，释放鼠标，链接就完成了。

技能应用：使用“指向文件工具”，对“公司简介”网页中的图片设置到“主页面”网页的链接，如图4-24所示。

图4-24

知识点2 不同网页间的锚记链接

在不同网页间创建锚记链接，需要在“属性”面板中的“链接”文本框内输入“网页文件名#锚记名”。例如，index_top锚记在index.html文件中，在其他网页文件中创建链接时，需要在“链接”文本框中输入“index.html#index_top”。

知识点3 路径

1. 绝对路径（Absolute Path）

本模块介绍了各种超链接，不管链接的是网页还是文件，都有自己存放的位置和路径，路径分为绝对路径、根相对路径和文档相对路径。

HTML绝对路径（absolute path）指带域名的文件的完整路径，为文件提供一个完全的路径。例如，http://www.xzjzzn.com/news.html就是一个绝对路径。链接到其他网站的文件，必须使用绝对路径。

2. 相对路径（Relative Path）

HTML相对路径（Relative Path）用于制作网站内部链接，包括根相对路径和文档相对路径。

（1）根相对路径。

根相对路径是指从站点文件夹到被链接文档经过的路径。站点上所有公开的文件都存放在站点的根目录下。根相对路径以“/”开头，路径是从当前站点的根目录开始计算。例如，在D盘建立一个myHtml目录，该目录就是名为myHtml的站点，这时/index.htm路径，就表示文件位置为D:\myHtml\index.htm。

如果目录结构很复杂，在引用根目录下的文件时，用根相对路径会更好些。例如，某一个网页文件中引用根目录下image目录中的一个图，在当前网页中用文档相对路径表示为“../../../../../ image/top.gif”，而用根相对路径只要表示为“/image/top.gif”即可。

（2）文档相对路径。

文档相对路径就是指包含当前文档的文件夹，也就是以当前网页所在的文件夹为基础开始计算路径。

例如，当前网页所在位置为D:\myHtml\mypic，那么，“a.htm”就表示D:\myHtml\mypic\a.htm；“../a.htm”相当于D:\myHtml\a.htm，其中“../”表示当前文件夹的上一级文件夹。

“image/top.gif”是指D:\myHtml\mypic\image\top.gif，其中“image/”是指当前文件夹下名为image的文件夹。

文档相对路径是最简单的路径，一般多用于链接保存在同一文件夹中的文档。

提 示

空链接通常是在进行网页测试时使用的，如事先看看链接的样式。有时为了方便给图片添加“行为”动作，也需要给图片加上空链接，只要在“属性”面板的链接框中输入“#”即可建立空链接。

知识点4　超链接的更改

如果想要修改页面中的超链接，除了可以直接在“属性”面板中进行修改之外，还可以通过以下两种方法进行操作：

方法1：执行“修改”→“更改链接”命令。

方法2：在超链接上右击，在弹出的快捷菜单中执行“更改链接”命令。

知识点5　超链接的测试

超链接在文档窗口中不是活性的，即在文档窗口中通过单击超链接并不能打开目标网页，必须借助浏览器才能实现网页之间的跳转。

由于一个网站中的链接数量很多，因此在上传网站之前，必须检查站点中所有的链接。若发现站点中存在中断的链接，需要修复后才能上传到服务器。具体方法是，执行“文件”→“检查页”→“链接”命令。若存在断开的链接，则会以列表的形式在窗口的底部列出。对于有问题的文件，直接双击，即可将其打开进行修改。

提 示

在制作热点区域时，使用椭圆形热点工具可以绘制椭圆区域，多边形热点工具可以绘制不规则的多边形区域，使用“指针热点工具”可以改变热点区域的大小及位置。

Dw 独立实践任务

任务8　创建"阳步楼梯"网页链接

任务背景

结合本模块所学的几种类型的超链接，练习如何为页面文字、图片等创建链接。

任务要求

创建二级导航文字，并为其添加超链接；创建图片超链接；创建该页面到首页的main_top锚记链接；创建电子邮件链接；创建名为百度的外部链接。

【技术要领】文字链接，图片链接，锚记链接，外部链接，电子邮件链接

【解决问题】在网页中创建各种链接

【应用领域】网页制作

【素材来源】"光盘:\素材文件\独立实践任务"目录下

任务分析

主要制作步骤

Dw 职业技能考核

一、选择题

1. 在设置图像超链接时，可以在“替代”文本框中输入注释的文字，下列不是其作用的是（　）。

A. 当浏览器不支持图像时，使用文字替换图像

B. 当鼠标指针移到图像并停留一段时间后，这些注释文字将显示出来

C. 在浏览者关闭图像显示功能时，使用文字替换图像

D. 每过一段时间图像上都会定时显示注释的文字

2. 创建一个自动发送电子邮件链接的代码是（　）。

A. <a href="#NAME"></a>

B. <a name="NAME"></a>

C. <a href="mailto:? " ></a>

D. <a href="URL"></a>

3. 链接标记<a>的参数target，可选的参数值有（　）。

A. _blank　　B. _self

C. _top　　D. _parent

4. Dreamweaver CS6中，导出表格数据时要选择一种表格数据分隔符，其中（　）是默认的数据分隔符。

A. 逗号　　B. 分号

C. 制表符　　D. 冒号

5. 从Dreamweaver CS6中直接使用 Fireworks 来优化图像，不能实现的操作是（　）。

A. 更换图像文件格式

B. 优化到指定文件大小

C. 增加特殊显示效果

D. 调整图像尺寸大小

二、填空题

1. Dreamweaver CS6的“属性”面板中包含了两种属性检查器，即＿＿＿＿＿和＿＿＿＿＿。

2. ＿＿＿＿＿是在HTML代码中插入的描述性文本，可以方便用户对代码进行管理和维护。

3. 列表就是那些具有相同属性元素的集合，分为＿＿＿＿＿和＿＿＿＿＿两种。

4. ＿＿＿＿＿是指与网页的主题内容相关的简短而有代表性的词汇。

学习心得

模块05 创建多媒体网页

多媒体作为计算机和视频技术结合的产物，在网页中的应用越来越广泛。无论是个人网站还是企业网站，都会在网站中插入适当图像以及多媒体元素。图文并茂的网页能为网站增添不少色彩，会使网站的整体布局显得美观、生动，从而吸引更多的浏览者。

本模块将介绍在网页中嵌入多媒体，以及制作多媒体网页的方法。

能力目标：

1. 能够在网页指定位置插入Flash按钮、图像查看器等
2. 能够在网页中插入音乐，制作在线音乐网站
3. 能够在网页指定位置插入视频

知识目标：

1. 了解Flash文件类型
2. 了解音频文件格式
3. 掌握在网页中插入多媒体

课时安排： 4课时（讲课2课时，实践2课时）

Dw 模拟制作任务

【本模拟制作任务操作视频】“光盘:\操作视频\模块05”目录下

任务1 插入Flash动画

任务背景

在网页中插入Flash动画，一般是按照网页设计的需要先使用Flash软件制作好动画，然后将其插入到网页中指定的位置。现有一个空白网页，需要在网页上插入Flash动画，Flash动画在网页中的效果如图5-1所示。

图5-1

任务要求

要求制作嵌有Flash动画的网页，并通过本任务的学习，掌握将Flash动画插入网页中的方法。

任务分析

可以将插入的Flash动画作为独立的网页元素，也可以作为一种图片增强效果，放置在图片的上面。

重点、难点

本任务重点要求掌握在单元格中插入Flash动画的方法。

【技术要领】设置单元格大小；插入Flash，Flash大小、透明度等属性的设置
【解决问题】在单元格中添加Flash效果
【应用领域】网页中Flash的嵌入
【素材来源】光盘:\素材文件\模块05\flash.swf

任务详解

STEP01 创建一个空白网页，执行“插入”→“表格”命令，在弹出的“表格”对话框中，设置表格的“行数”为1、“列”为1、“表格宽度”为100%和“边框粗细”为0像素，如图5-2所示。

STEP02 在网页中插入Flash动画：在STEP1中完成的网页基础上，将光标定位到单元格中，执行“插入”→“媒体”→“SWF”命令，在弹出的“选择文件”对话框中，选择“光盘:\素材文件\模块05\flash.swf”动画文件，如图5-3所示。

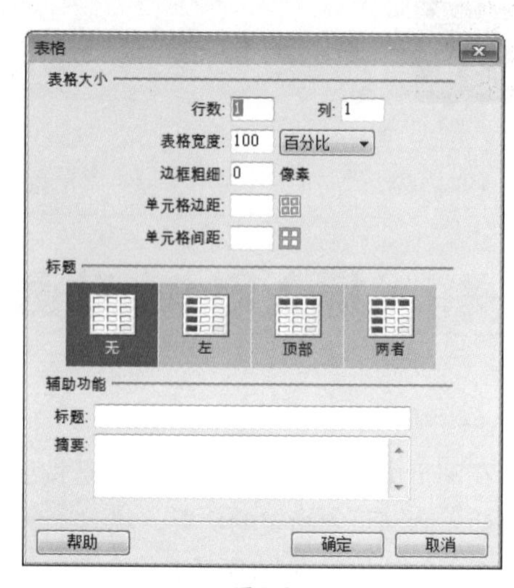

图5-2

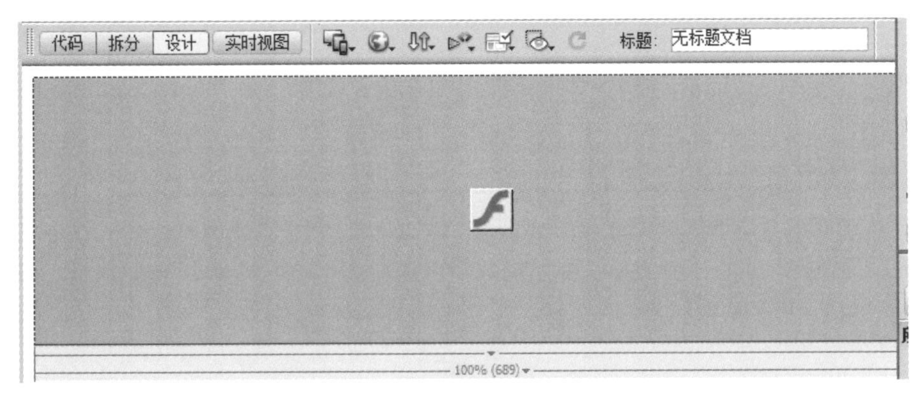

图5-3

STEP 03 在“属性”面板中，设置Flash的“宽度”、“高度”、“循环”、“自动播放”、“品质”等属性；设置参数wmode值为透明，实现Flash的透明背景的设置，如图5-4所示。设置完毕后，保存网页文档，文件名为flash.html，按F12键预览。

图5-4

STEP 04 设置完毕后，保存网页文档，保存时请将swfobject_modified.js和expressInstall.swf文件一同保存，否则浏览器无法正确显示插入的SWF文件，按F12键预览。

任务2　嵌入音乐或声音

任务背景

制作一个网页并在网页中嵌入一个音乐播放器，希望能够播放美妙的音乐，效果如图5-5所示。

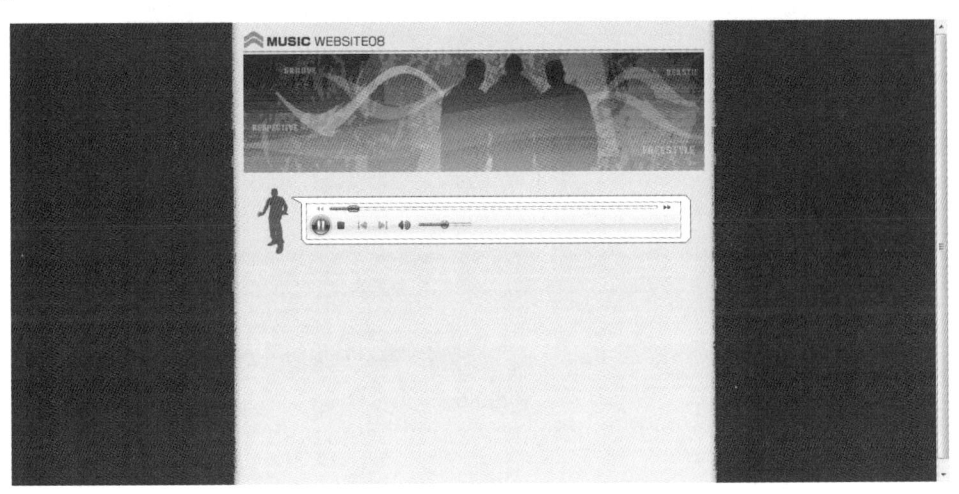

图5-5

任务要求

制作网页MyMusic.html，在MyMusic网页中插入音乐文件，如“Only Teardrops.mp3”。

任务分析

在网页中嵌入音乐或者声音是制作多媒体网页的一个重要组成部分。插入音乐或声音可以让其显示播放器，也可以不显示。显示播放器可以是Windows Media Player风格，也可以是Real Player风格，或者其他风格。

重点、难点

重点是掌握在网页中插入声音的方法，难点是通过<object>标签来实现网页中嵌入声音效果的方法。

【技术要领】“插入”→“媒体”→“插入”命令的使用，插件属性的设置；<object>标签的使用

【解决问题】在网页中插入音乐以及显示播放器

【应用领域】嵌入声音网页的创建

【素材来源】无

任务详解

1. 制作或者打开基础网页

STEP 01 制作网页：自行制作一个网页并保存为MyMusic.html，如图5-6所示。

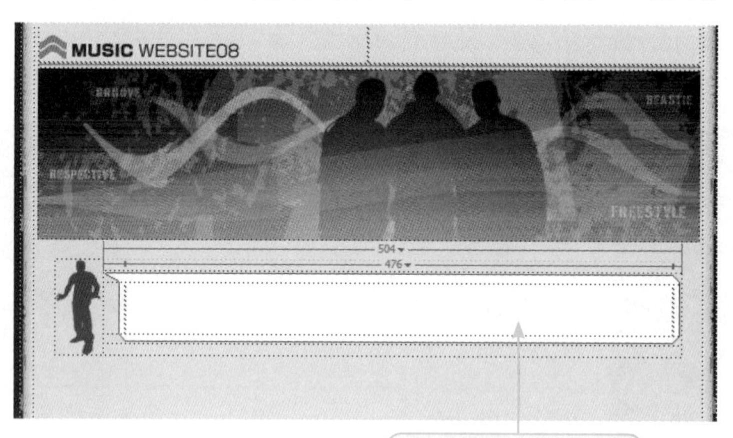

图5-6

2. 插入音乐

STEP 02 在表格第3行中间单元格定位插入点。执行“插入”→“媒体”→“插件”命令，打

开“选择文件”对话框，选择“Only Teardrops.mp3”文件，如图5-7所示。单击“确定”按钮，完成音乐插入。

图5-7

STEP 03 插入音乐后，会显示插件图标，选择该插件，设置音乐播放器的尺寸属性，即“宽”为“470”，“高”为“50”，然后根据实际显示效果继续调整数值，如图5-8所示。

图5-8

STEP 04 保存网页文档，按F12键预览，如图5-9所示。

图5-9

3. <object>标签的使用

STEP 05 用上述方法插入音乐，然后切换到“代码”视图，可以看到使用的是<embed>标签，如图5-10所示。但是该标签是Netscape的一个非标准标签，现在该标签已被<object>标签所取代。

```
<td width="476" bgcolor="#FFFFFF" valign="top" align="left">
<embed src="music/Only Teardrops.mp3" width="470" height="50"></embed>
</td>
```

图5-10

注 意

使用<embed>标签生成的播放器在不同的机器中显示可能不一致，可能是Real Player播放器，也可能是Windows Media Player播放器，而使用<object>标签可以固定只使用一种播放器。删除<embed>标签及其内容，用以下代码替换：

```
<object
    classid="CLSID:6BF52A52-394A-11d3-B153-00C04F79FAA6"
    width="470" height="50">
    <param name="type" value="audio/mpeg" />
    <param name="URL" value="music/Only Teardrops.mp3" />
    <param name="uiMode" value="full" />
    <param name="autoStart" value="true" />
</object>
```

其中，第1句“classid=…”用于设置播放器的类型，该句选择的是Windows Media Player播放器，如果使用“classid="clsid:CFCDAA03-8BE4-11cf-B84B-0020AFBBCCFA"”，则使用的是Real Player播放器；第2句设置播放器的尺寸；第3句设置媒体类型；第4句设置媒体URL；第5句设置播放器的界面和显示按钮的样式；第6句设置媒体是否自动播放。

思 考

如果要把MyMusic网页做一个扩展，如图5-11所示，使得单击某一首歌曲时，中间的播放器自动播放，而不是刷新整个页面，类似于在线音乐网站，该如何实现？

图5-11

任务3　添加背景音乐

任务背景

在本模块的任务3中，在网页中嵌入了一个播放器，现在需要在网页中添加背景音乐，即在网页中不显示播放器。

任务要求

为网站首页添加背景音乐，并实现循环播放。

制作分析

添加背景音乐最主要的就是让播放器不显示。

难点、重点

掌握<bgsound>标签的使用。

【技术要领】 切换代码视图，<bgsound>标签的使用
【解决问题】 网页背景音乐的实现
【应用领域】 有背景音乐网页的创建
【素材来源】 “光盘:\素材文件\模块05”目录下

任务详解

1. 制作网页背景音乐

STEP 01 启动Dreamweaver软件，再打开需要添加音乐的网页，切换到“代码”视图，在<body>、</body>标签之间定位一个插入点，输入代码<bgsound src="music/Only Teardrops.mp3" loop="1">。该语句确定了背景音乐所在位置和音乐的循环播放。

STEP 02 设置完毕，保存网页文档，按F12键预览效果。

思 考

在首页设置的背景音乐，当跳转到其他页面时，音乐是否还可以播放？如果不能，该如何让背景音乐在整个网站可以一直播放？

任务4　插入视频

任务背景

需要制作一个名为MyVideo.html的视频网页，并需要在该网页中嵌入一个视频，使网页更加完善，如图5-12所示。

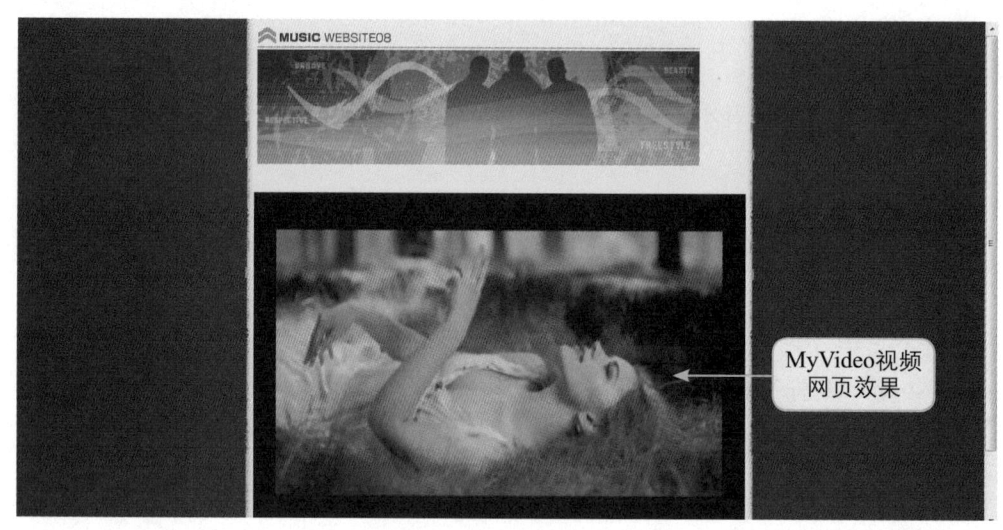

图5-12

任务要求

制作MyVideo网页，并在网页中嵌入一个AVI格式的视频。

制作分析

在网页中嵌入视频的方法和嵌入音乐的方法基本相同，最主要的是插件属性的设置。

难点、重点

重点掌握在网页中嵌入视频的方法，以及插件属性设置技巧。

【技术要领】插件的使用，插件属性的设置，<object>标签的使用
【解决问题】在网页中插入视频
【应用领域】视频网页的创建
【素材来源】无

操作提示

与插入音乐的方法一样，执行“插入”→“媒体”→“插件”命令，即使用<embed>标签可以插入视频；同样可以使用<object>标准标签来插入视频，只需要更改任务4中<object>标签内的URL属性值为需要插入的视频URL即可。

Dw 知识点拓展

知识点1　Flash文件类型

Flash在网页制作中具有广泛的应用，因此有必要了解一下Flash的文件类型。Flash主要有5种文件类型，下面分别介绍。

- Flash 文件（.fla）：所有项目的源文件，在 Flash 程序中创建。此类型的文件只能在 Flash 中打开。可以先在Flash中打开此类Flash文件，然后导出为 SWF 或 SWT 文件以便在浏览器中使用。
- Flash.swf 文件（.swf）：Flash文件的压缩版本，进行了优化以便在 Web 上查看。此类文件可以在浏览器中播放并且可以在Dreamweaver中进行预览，但不能在 Flash 中编辑。该类型文件是使用 Flash 按钮和 Flash 文本对象时创建的文件类型。
- Flash 模板文件（.swt）：这类文件能够修改和替换Flash.swf文件中的信息。Flash模板文件用于Flash按钮对象，使用户能够用自己的文本或链接修改模板，以便创建要插入在文档中的自定义SWF文件。在Dreamweaver中，可以在Dreamweaver/Configuration/Flash Objects/Flash Buttons和Flash Text文件夹中找到这类模板文件。
- Flash元素文件（.swc）：一种Flash.swf文件，通过将此类文件合并到Web页，可以创建丰富的因特网的应用程序。Flash元素有可自定义的参数，通过修改这些参数可以执行不同的应用程序功能。
- Flash 视频文件格式（.flv）：一种视频文件，包含经过编码的音频和视频数据，用于通过 FlashPlayer 进行传送。例如，有QuickTime或Windows Media视频文件，可以使用编码器将视频文件转换为 FLV 文件。

提 示

尽管插入Flash动画可以让页面变得更具观赏性，但插入的过多，同样会影响受众的视觉感受。在实际使用的过程中要注意把握好分寸，做到适度、灵活、恰当运用。

知识点2 音频文件格式

可以向网页添加声音，有多种不同类型的声音文件可供添加，例如 .wav、.midi 和 .mp3。在确定采用哪种格式的文件添加声音前，需要考虑以下一些因素：添加声音的目的、页面访问者、文件大小、声音品质和不同浏览器的差异。

浏览器不同，处理声音文件的方式也会有很大差异。最好先将声音文件添加到一个 Flash.swf 文件中，然后嵌入该SWF文件以改善一致性。

下面给出一些较为常见的音频文件格式以及每一种格式在Web设计中的一些优缺点。

- .midi或.mid（Musical Instrument Digital Interface，乐器数字接口）：此格式用于器乐。许多浏览器都支持MIDI文件，并且不需要插件。尽管MIDI文件的声音品质非常好，但也要取决于访问者的声卡。另外，很小的MIDI文件就可以提供较长时间的声音剪辑。MIDI文件不能进行录制，必须使用特殊的硬件和软件在计算机上合成。
- .wav（Wave Audio Files，波形扩展）：这类文件具有良好的声音品质，并且不需要插件，许多浏览器都支持此类格式的文件。可以通过CD、磁带、麦克风等自己录制WAV文件。但是，其对存储空间需求太大，这严格限制了可以在用户的网页上使用的声音剪辑长度。
- .aif（Audio Interchange File Format，音频交换文件格式）：也称为AIFF格式，与WAV格式类似，也具有较好的声音品质，大多数浏览器都可以播放并且不需要插件；也可以从CD、磁带、麦克风等录制AIFF文件。同样，由于其对存储空间需求太大，严格限制了它可以在用户网页上使用的声音剪辑长度。
- .mp3（Motion Picture Experts Group Audio Layer-3，运动图像专家组音频第3层，或称为MPEG 音频第3层）：一种压缩格式，可以使声音文件明显缩小。其声音品质非常好，如果正确录制和压缩MP3文件，其音质甚至可以和CD相媲美。MP3技术可以对文件进行“流式处理”，使访问者不必等待整个文件下载完成即可收听该文

提 示

如果并非设计需求，应尽量减少页面中的声音文件个数。确有必要，也应该考虑到文件的格式以及文件的大小。以最大程度提高页面的打开速度。

件。但是，其文件大小要大于 Real Audio 文件，因此通过典型的拨号（电话线）调制解调器连接下载整首歌曲可能仍需要较长的时间。若要播放MP3文件，访问者必须下载并安装辅助应用程序或插件，如QuickTime、Windows Media Player 或RealPlayer。

- .ra、.ram、.rpm 或 Real Audio：此格式具有非常高的压缩度，文件大小要小于MP3。全部歌曲文件可以在合理的时间范围内下载。因为可以在普通的 Web 服务器上对这些文件进行“流式处理”，所以访问者在文件完全下载完之前就可以听到声音。访问者必须下载并安装 RealPlayer 辅助应用程序或插件才可以播放这种文件。
- .qt、.qtm、.mov 或 QuickTime：此格式是由Apple Computer 开发的音频和视频格式。Apple Macintosh 操作系统中包含了QuickTime格式，并且大多数使用音频、视频或动画的Macintosh应用程序都使用QuickTime格式。个人计算机也可播放QuickTime格式的文件，但是需要特殊的QuickTime驱动程序。QuickTime支持大多数编码格式，如 Cinepak、JPEG 和 MPEG。

提 示

在使用音频文件时，要注意音频文件的播放时长，如果插入了多个音频文件，应避免这些音频文件的播放时间相互重叠，从而影响欣赏的效果。

Dw 独立实践任务

任务5　插入Flash视频

任务背景

阳步楼梯首页网页内容已基本制作完成，但还需要在网页中嵌入Flash视频，即FLV文件，从而使网页更加完善，完成效果如图5-13所示。

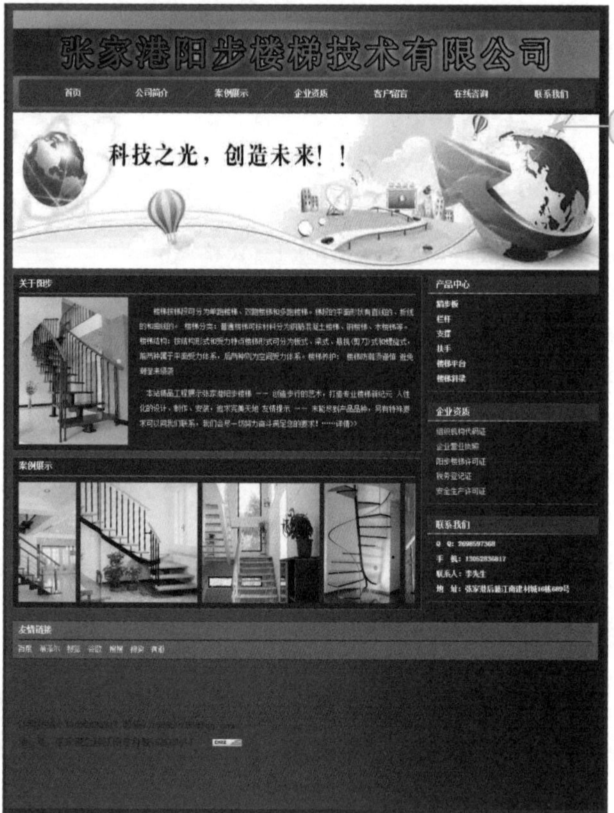

图5-13

任务要求

在页面中插入FLV视频，并设置网页相关CSS样式，美化网页。

【技术要领】 “插入”→“媒体”→“Flash视频”命令的使用，属性设置

【解决问题】 在网页中嵌入Flash视频，即FLV格式文件

【应用领域】 创建在线视频播放网页

【素材来源】 “光盘:\素材文件\独立实践任务”目录下

任务分析

主要制作步骤

Dw 职业技能考核

一、选择题

1. 下面关于使用视频数据流的说法，错误的是（　　）。

   A. 浏览器在接收到第一个包的时候就开始播放

   B. 动画可以使用数据流的方式进行传输

   C. 音频可以使用数据流的方式进行传输

   D. 文本不可以使用数据流的方式进行传输

2. 下面（　　）不在Dreamweaver CS6中的资源管理器里。

   A. 视频　　　　B. 脚本

   C. Shockwave　　　　D. 插件

3. Dreamweaver CS6的“插入”菜单中，“媒体”→“SWF”命令表示（　　）。

   A. 插入一个ActiveX占位符

   B. 打开可以输入或浏览的“插入Applet”对话框

   C. 打开“插入插件”对话框

   D. 打开“选择SWF”对话框

4. 在Dreamweaver CS6中，关于插入到页面中的Flash动画的说法，错误的是（　　）。

   A. 具有.fla 扩展名的Flash文件尚未在Flash中发布，不能导入到Dreamweaver中

   B. Flash在Dreamweaver的编辑状态下可以预览动画

   C. 在属性检查器中可为影片设置播放参数

   D. Flash文件只有在浏览器中才能播放

5. GIF图像的优点有（　　）。

   A. 支持动画格式　　　　B. 支持透明背景

   C. 无损方式压缩　　　　D. 支持24位真彩色

二、填空题

1. 鼠标指针经过图像由__________和__________两个图像文件组成。

2. __________可增加图像边缘的对比度，从而增加图像的清晰度。

3. 在某个网页中，因找不到合适图像，可以使用图像__________来代替图像的位置，先为图像预留指定大小的空间。

4. __________目前被众多新一代视频分享网站所采用，是目前增长最快、最为广泛的视频传播格式。

模块06 创建框架网页

在一个网站中每个网页的大部分内容有时是一致的，比如网页标题部分及网页的导航栏。如果在每个网页中都重复插入这些元素，就会浪费时间，在这种情况下使用框架就会方便很多。框架主要用于在一个浏览器窗口中显示多个HTML文档内容，通过构建这些文档之间的相互关系，实现文档导航、浏览以及操作等目的。框架的作用是把浏览器的显示空间分割为几个部分，每个部分都可以独立显示不同的网页。每个框架实质上都是一个独立存在的HTML文档。框架对于制作风格统一的网页有很大的优势。本模块主要讲解框架的创建及各种操作。

能力目标：

1. 创建框架集
2. 框架及框架集的基本操作
3. 框架及框架集的属性设置
4. 框架及框架集的保存

知识目标：

1. 了解框架及框架集
2. 框架结构的组成
3. 框架结构的优点

课时安排：6课时（讲课3课时，实践3课时）

Dw 模拟制作任务

任务1 制作“成功案例”网页

任务背景

为了让客户能够更直观地了解企业的产品，需要制作一个成功案例的展示网页，效果如图6-1所示。

图6-1

任务要求

要求使用框架，页面风格统一，简洁大方。

任务分析

为了对相同内容不进行重复操作，将使用框架完成任务。

重点、难点

1. 修改框架属性。
2. 各框架之间的链接。

【技术要领】 框架集的建立、保存，框架和框架集属性的修改
【解决问题】 要求每个页面有一样的banner图、导航栏与信息栏，使用框架集建立
【应用领域】 个人网站，企业网站
【素材来源】 “光盘:\素材文件\模块06”目录下
【视频来源】 “光盘:\操作视频\模块06”目录下

任务详解

1. 创建框架集

STEP 01 执行“文件”→“新建”命令，弹出“新建文档”对话框，如图6-2所示。

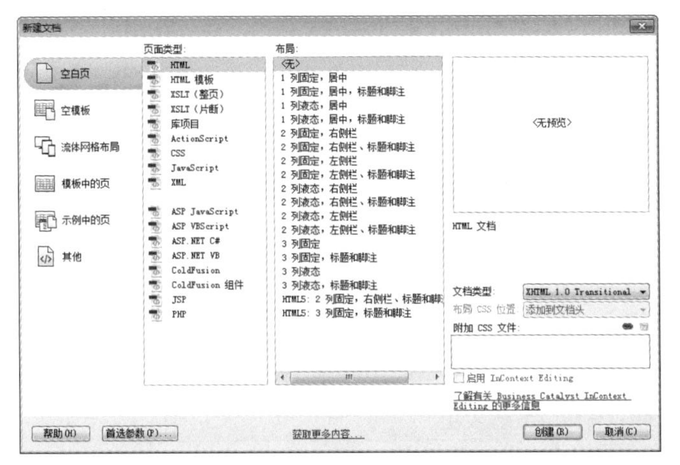

图6-2

STEP 02 新建一个空白的HMTL文档，执行“插入”→“HTML”→“框架”→“上方及左侧嵌套”命令，如图6-3所示。

图6-3

STEP 03 弹出“框架标签辅助功能属性”对话框，对每个“框架”重新指定“标题”，然后单击“确定”按钮，如图6-4、图6-5和图6-6所示。

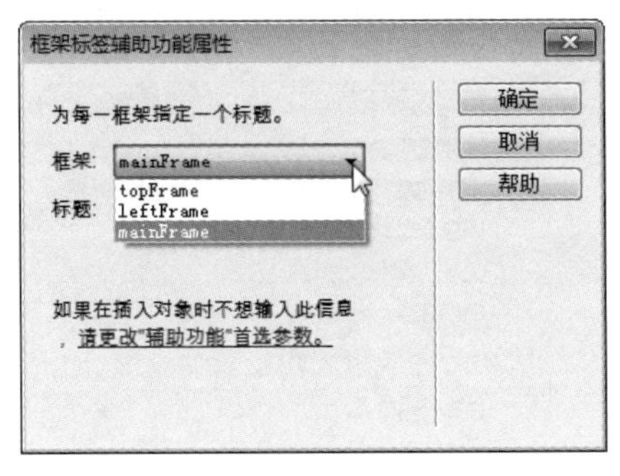

图6-4

框架标签辅助功能属性

为每一框架指定一个标题。

框架：mainFrame

标题：mainFrame

如果在插入对象时不想输入此信息，请更改"辅助功能"首选参数。

确定

取消

帮助

图6-5

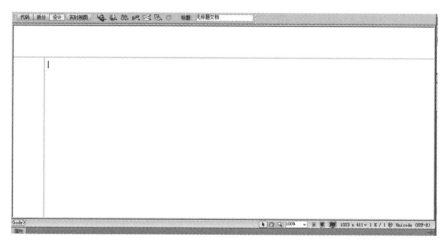

图6-6

2. 保存框架集与框架

STEP 04 执行“文件”→“保存全部”命令，如图6-7所示，整个框架集内侧出现虚线，将其保存为anli.html，如图6-8所示，依次弹出其他框架“另存为”对话框，并依次命名为anli-body.html、anli-left.html和anli-top.html，注意所命名字与框架相对应，单击“保存”按钮，如图6-9、图6-10和图6-11所示。

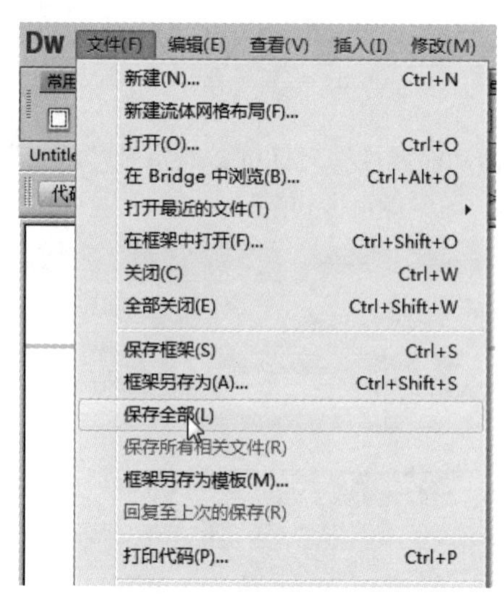

图6-7

另存为
保存在(I)：
模块六
名称
修改日期
cssStyle
2013/10/8 19:29
flash
2013/10/8 19:29
images
2013/10/8 19:29
Scripts
2013/10/8 19:29
anli-cgal.html
2013/10/8 17:02
anli-jianjie.html
2013/10/8 17:02
anli-lxwm.html
2013/10/8 17:02
anli-xw.html
2013/10/8 17:02
anli-zxly.html
2013/10/8 17:02
banner.html
2013/10/8 17:02
body.html
2013/10/8 17:02
最近使用的项目
桌面
我的文档
计算机
文件名(N)：
anli.html
保存类型(T)：
All Documents (*.htm;*.html;*.shtm;*.
保存(S)
取消
Unicode 标准化表单(F)：
C (规范分解，后跟规范合成)
包括 Unicode 签名 (BOM)(S)
新建站点...
站点根目录

图6-8

另存为
保存在(I)：
模块六
名称
修改日期
cssStyle
2013/10/8 19:29
flash
2013/10/8 19:29
images
2013/10/8 19:29
Scripts
2013/10/8 19:29
anli.html
2013/10/9 14:59
anli-cgal.html
2013/10/8 17:02
anli-jianjie.html
2013/10/8 17:02
anli-lxwm.html
2013/10/8 17:02
anli-xw.html
2013/10/8 17:02
anli-zxly.html
2013/10/8 17:02
banner.html
2013/10/8 17:02
最近使用的项目
桌面
我的文档
计算机
文件名(N)：
anli-body.html
保存类型(T)：
All Documents (*.htm;*.html;*.shtm;*.
保存(S)
取消
Unicode 标准化表单(F)：
C (规范分解，后跟规范合成)
包括 Unicode 签名 (BOM)(S)
新建站点...
站点根目录

图6-9

另存为
保存在(I)：
模块六
名称
修改日期
cssStyle
2013/10/8 19:29
flash
2013/10/8 19:29
images
2013/10/8 19:29
Scripts
2013/10/8 19:29
anli.html
2013/10/9 15:01
anli-body.html
2013/10/9 15:01
anli-cgal.html
2013/10/8 17:02
anli-jianjie.html
2013/10/8 17:02
anli-lxwm.html
2013/10/8 17:02
anli-xw.html
2013/10/8 17:02
anli-zxly.html
2013/10/8 17:02
最近使用的项目
桌面
我的文档
计算机
文件名(N)：
anli-left.html
保存类型(T)：
All Documents (*.htm;*.html;*.shtm;*.
保存(S)
取消
Unicode 标准化表单(F)：
C (规范分解，后跟规范合成)
包括 Unicode 签名 (BOM)(S)
新建站点...
站点根目录

图6-10

图6-11

STEP05 将光标移至框架边框上，出现双向箭头，按住鼠标左键拖拽，以改变框架的大小，如图6-12所示。选中整个框架集，设置“框架集”的属性，在“边框”下拉列表中选择“否”，在“边框宽度”文本框中输入“0”，如图6-13所示。

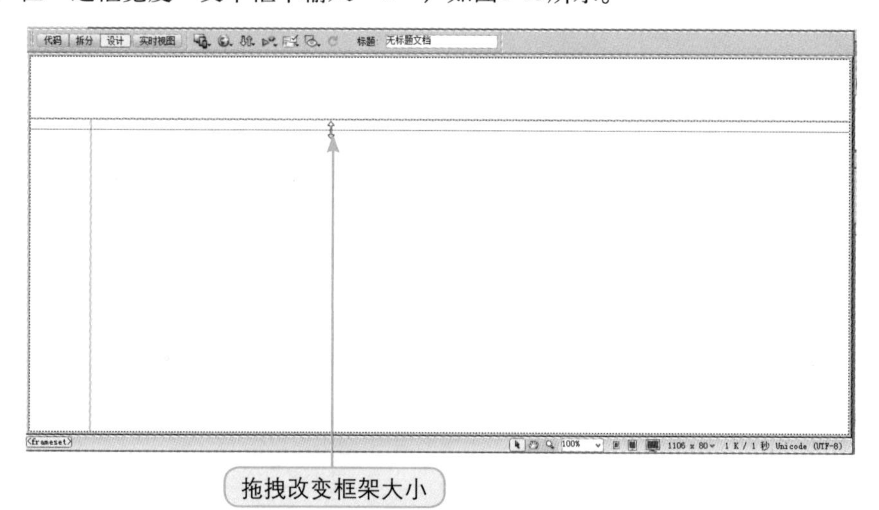

图6-12

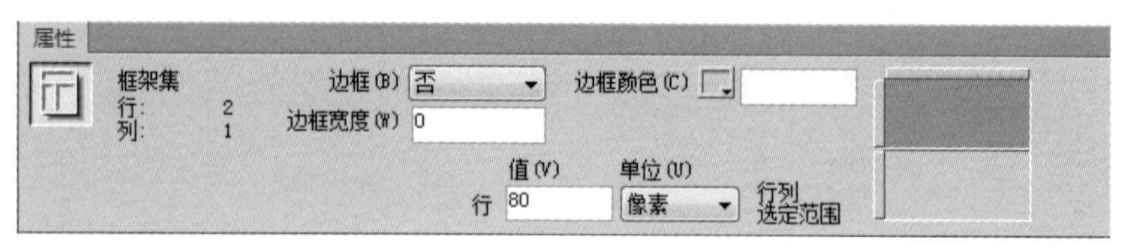

图6-13

3. 编辑top框架

STEP06 将光标置于top框架中，如图6-14所示，按照模块03中制作导航栏的步骤，逐步完成，这里就不再详细介绍，详情参照模块03，效果如图6-15所示。完成top框架的成功案例网页如图6-16所示。

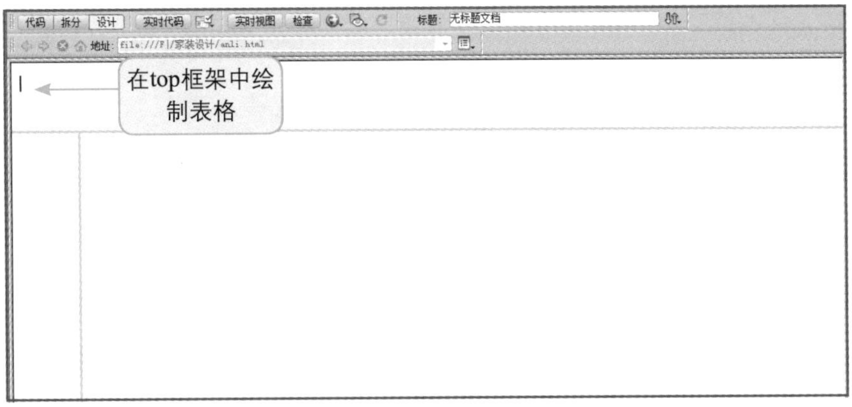

图6-14

图6-15

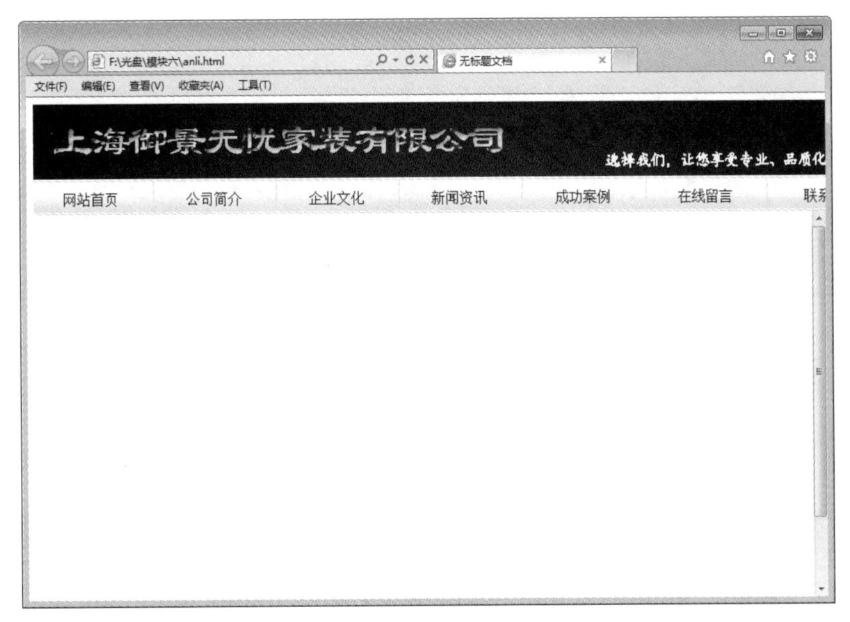

图6-16

4. 编辑left框架

STEP 07 将光标置于left框架中，执行“插入”→“表格”命令，弹出“表格”对话框，设置“行数”为“1”，“列数”为1，“表格宽度”为“225”像素，“边框粗细”为“0”

像素，“单元格边距”为“0”，“单元格间距”为“0”，单击“确定”按钮，如图6-17所示。

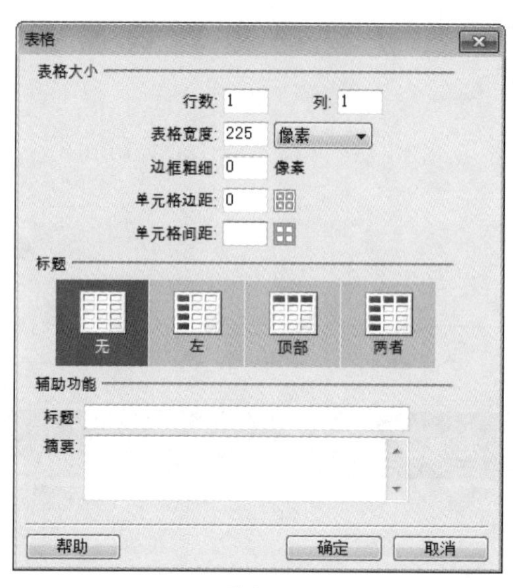

图6-17

STEP 08 选中整个表格，在“属性”面板中设置“对齐”为“右对齐”，如图6-18所示。

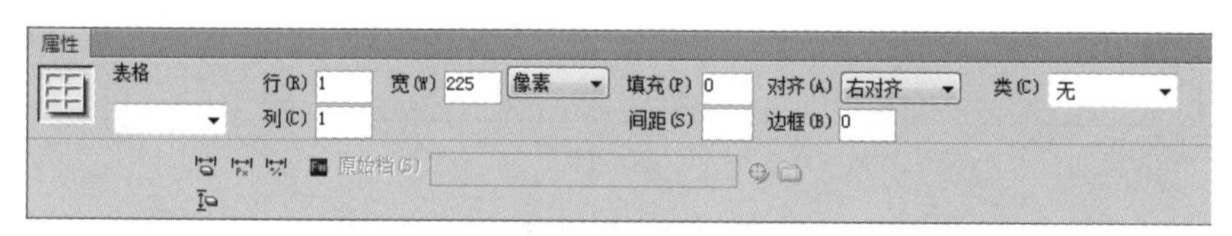

图6-18

STEP 09 将光标置于单元格中，在“属性”面板中设置单元格的属性“水平”为“居中对齐”，“垂直”为“顶端”，单元格背景色为“#e6e0d0”，如图6-19所示。

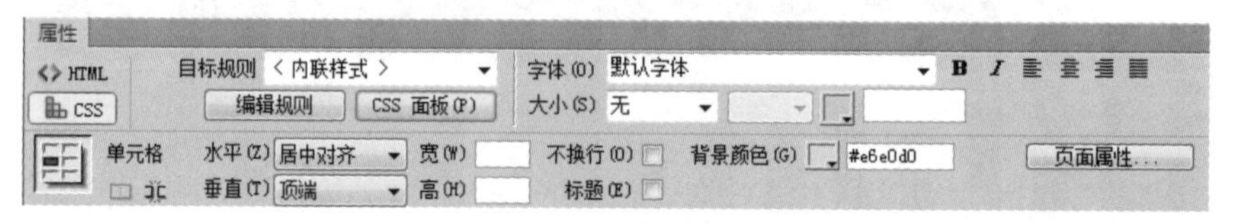

图6-19

STEP 10 将光标置于表格中，如图6-20所示。按照模块03中制作栏目导航的步骤，逐步完成，这里不再详细介绍，详情参照模块03，效果如图6-21所示。完成left框架成功案例网页如图6-22所示。

图6-20

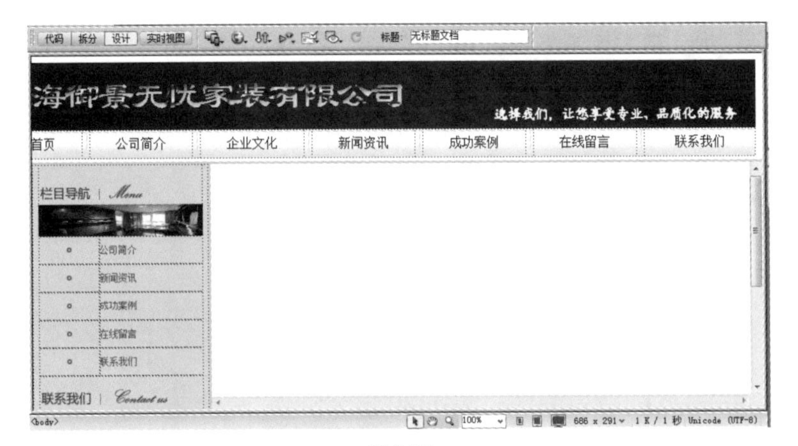

图6-21

图6-22

5. 编辑body框架

STEP 11 将光标置于body框架中，参照模块03中制作公司简介内容的步骤，逐步完成背景图的插入和表格布局，这里就不再详细介绍，详情参照模块03，效果如图6-23所示。

图6-23

STEP 12 将光标置于成功案例表格中，执行“插入”面板中的“常用”→“表格”命令，弹出“表格”对话框，设置“行数”为“10”，“列数”为“3”，“表格宽度”为“660”像素，“边框粗细”为“0”像素，“单元格边距”为“0”，“单元格间距”为“0”，单击“确定”按钮，如图6-24所示。

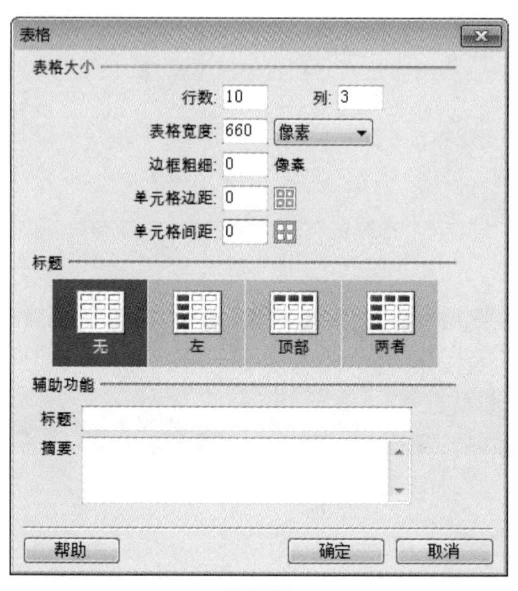

图6-24

STEP 13 选中整个表格，在“属性”面板中设置“对齐”为“居中对齐”，如图6-25所示。

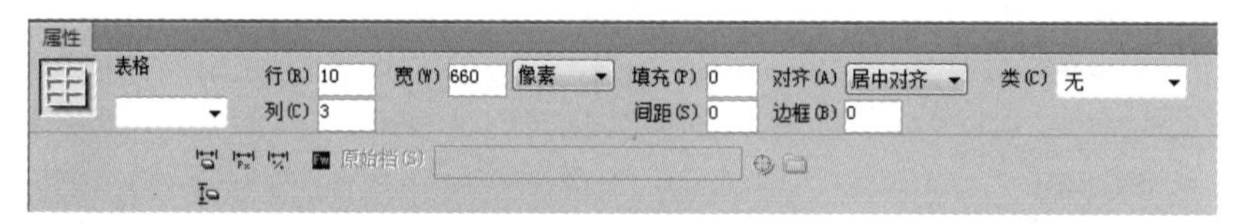

图6-25

STEP 14 将光标置于表格第1行外，当鼠标指针变成➡时，单击，选中第1行，在“属性”面板中设置行属性“水平”为“居中对齐”，如图6-26所示。按照此步骤依次设置每一行的属性。

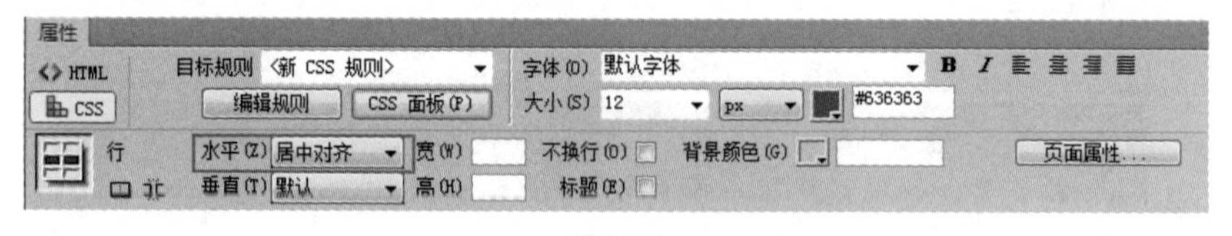

图6-26

STEP 15 将光标置于表格第1行第1列内，在“属性”面板中设置单元格属性“宽”为“220”，如图6-27所示。按照此步骤依次设置奇数行每一列的属性。

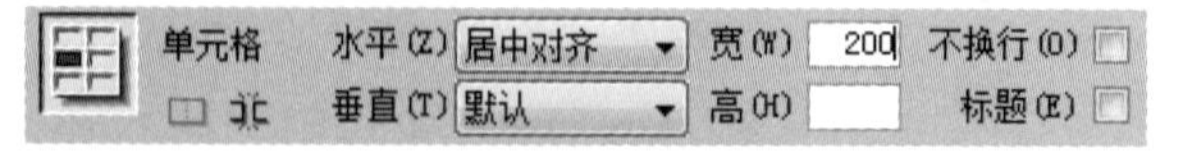

图6-27

STEP 16 将光标置于表格第2行第1列内，在“属性”面板中设置单元格属性“高”为

"30"，如图6-28所示。按照此步骤依次设置偶数行每一列的属性。

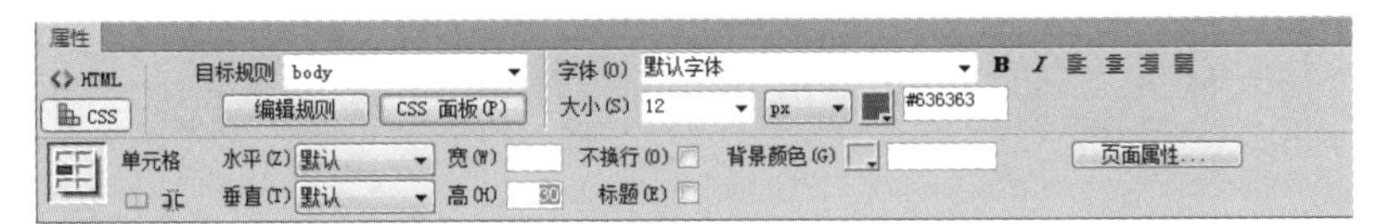

图6-28

STEP 17 将光标置于表格第1行第1列内，执行"插入"→"图像"命令，弹出"选择图像源文件"对话框，选择站点中images\1.jpg图片文件，添加图片。选中图片，在"属性"面板中，设置"宽"为"185"、"高"为"130"，如图6-29所示。

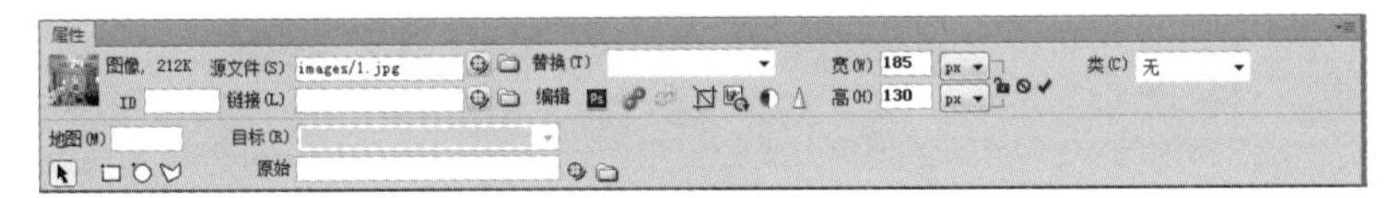

图6-29

STEP 18 将光标置于表格第2行第1列内，输入文字"室内装修系列"，如图6-30所示。按照此步骤依次完成成功案例的图片插入和文字介绍，效果如图6-31所示。

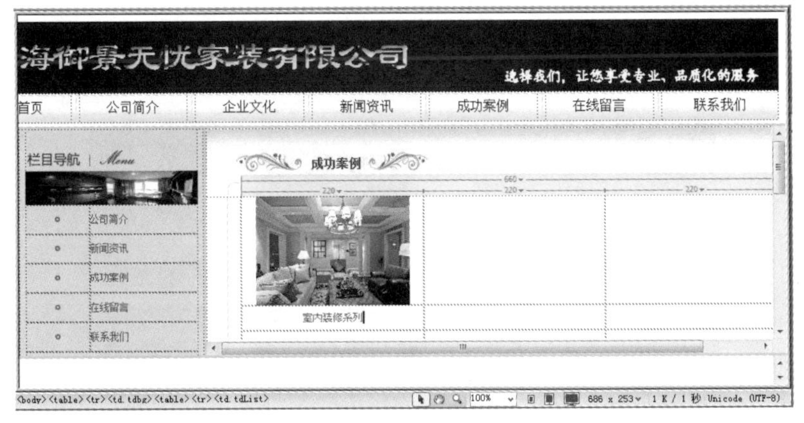

图6-30

图6-31

STEP 19 执行"文件"→"保存全部"命令，按F12键浏览，效果如图6-32所示。

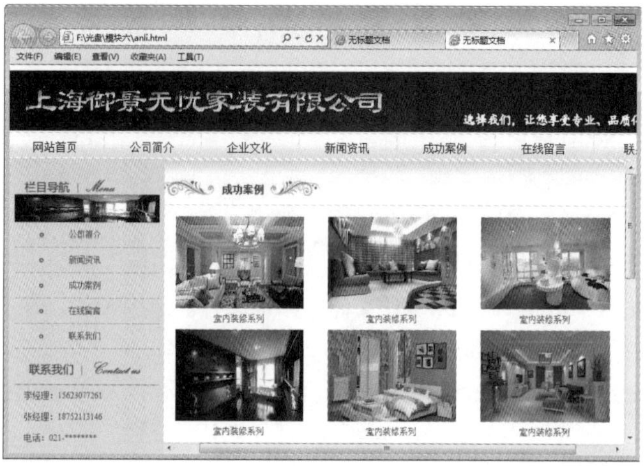

图6-32

6. 在框架中设置链接

STEP 20 选中导航栏内的“公司简介”文字，在“属性”面板中设置“链接”为“anli-jianjie.html”，“目标”为“mainFrame”。按照相同方法对“新闻资讯”、“成功案例”、“在线留言”和“联系我们”文字做相应属性设置，实现单击相应内容，在mainFrame框架中出现相应的页面，设置过程如图6-33、图6-34、图6-35、图6-36和图6-37所示。

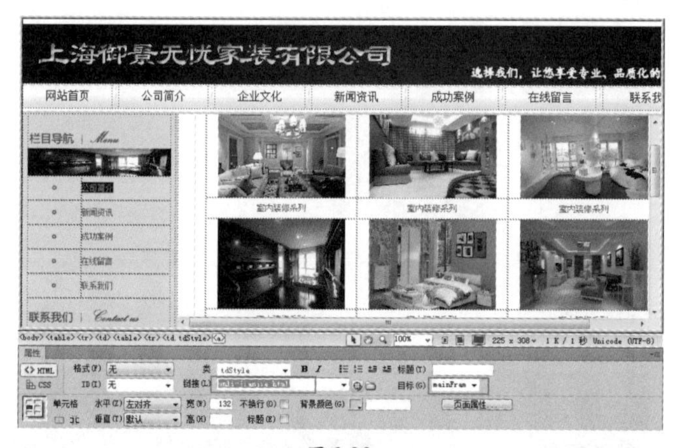

图6-33

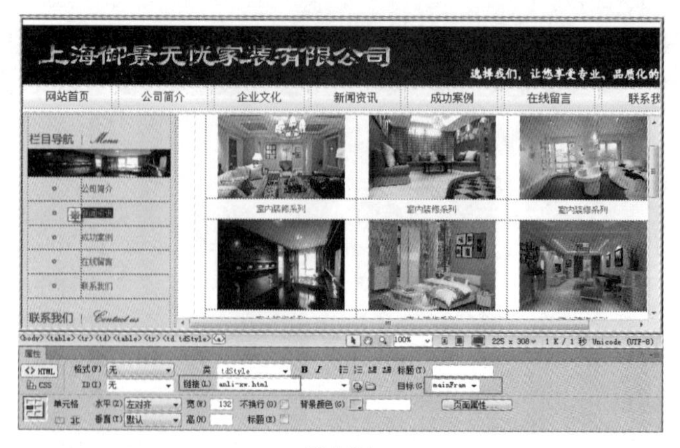

图6-34

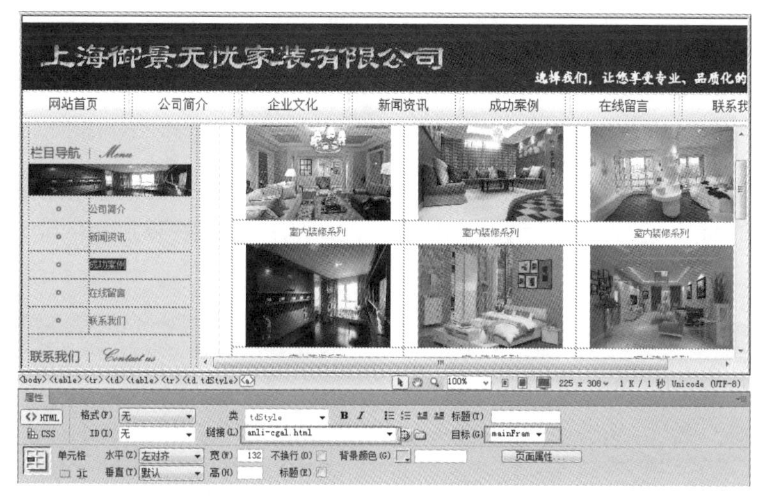

图6-35

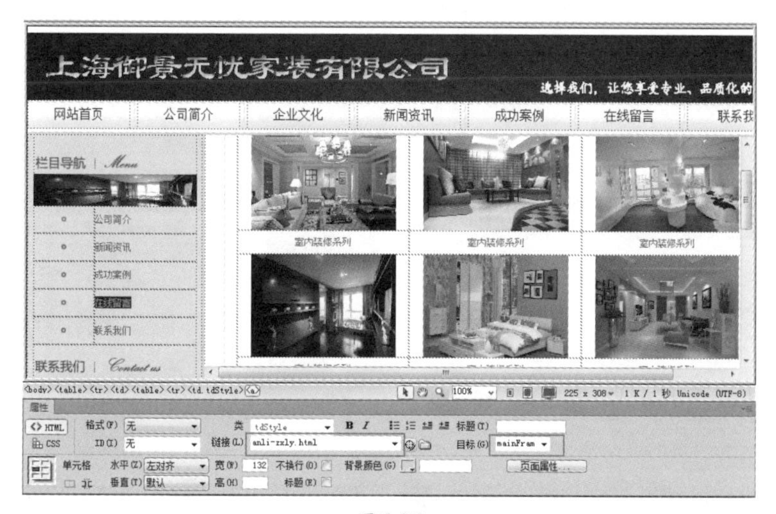

图6-36

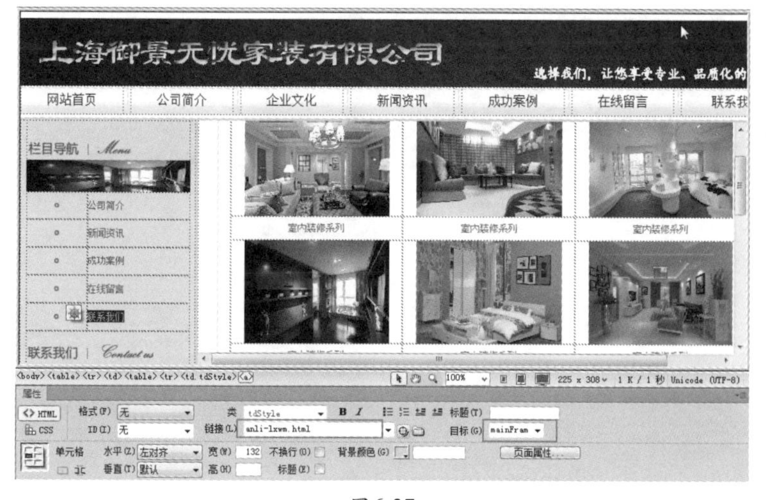

图6-37

STEP 21 执行“文件”→“保存全部”命令，按F12键浏览。

任务2　使用框架实现家装设计网站页面间的浏览

任务背景

在建立的家装设计网站中，有网站首页、公司简介、企业文化、新闻资讯等页面，要求每个页面有相同的banner图、导航栏与底部信息栏，如图6-38、图6-39、图6-40、图6-41、图6-42和图6-43所示。

图6-38

图6-39

图6-40

图6-41

图6-42

图6-43

任务要求

页面风格统一，简洁大方。

任务分析

要体现页面风格统一，并且每个页面有一样的banner图、导航栏与底部信息栏。为了对相同内容不进行重复操作，可以对现有页面使用框架完成任务。

重点、难点

1. 修改框架集代码。
2. 各框架之间的链接。

【素材来源】 “光盘:\素材文件\模块06”目录下

任务详解

1. 创建框架集

STEP 01 启动Dreamweaver CS6软件，执行“文件”→“新建”命令，弹出“新建文档”对话框，如图6-44所示。

STEP 02 新建一个空白的HMTL文档，执行“插入”→“HTML”→“框架”→“上方及下方”命令，如图6-45所示。

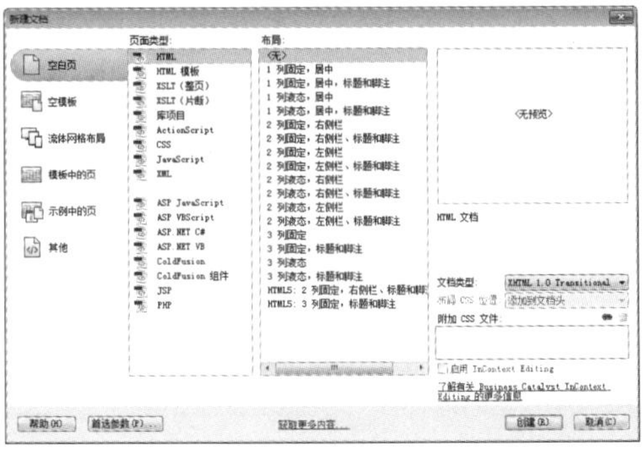

图6-44

06

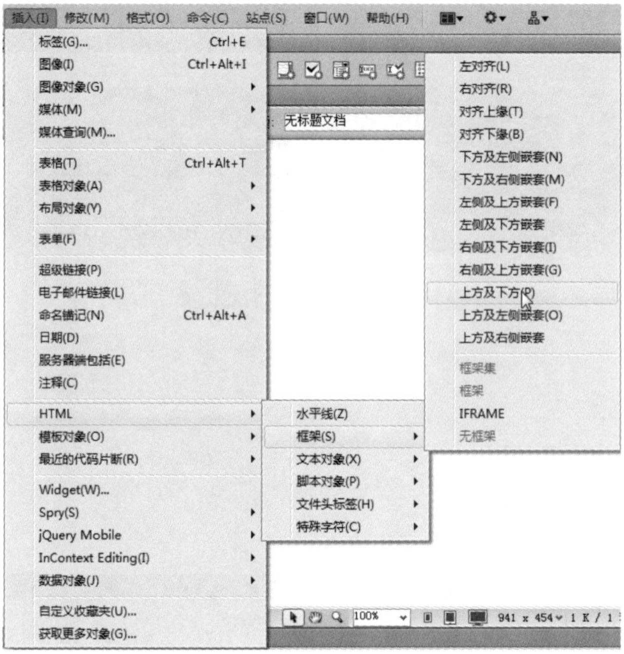

图6-45

STEP 03 弹出“框架标签辅助功能属性”对话框，如图6-46所示，可以对每个“框架”重新指定“标题”，如图6-47所示，然后单击“确定”按钮，创建框架集，如图6-48所示。

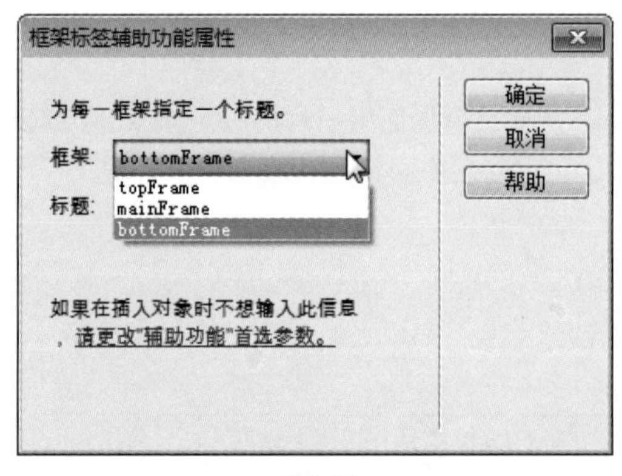

图6-46

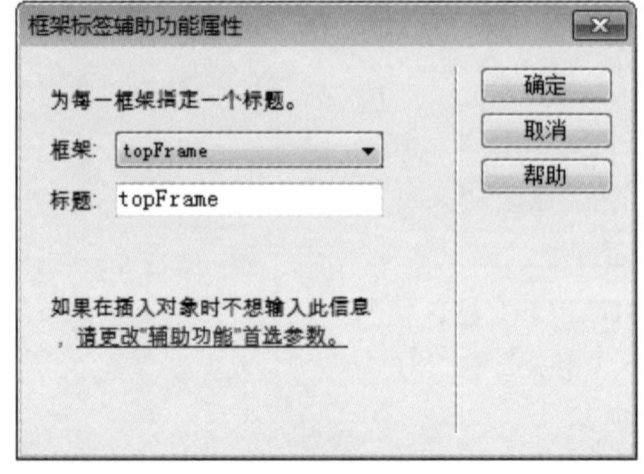

图6-47

图6-48

2. 保存框架集与框架

STEP 04 执行“文件”→“保存全部”命令，整个框架集内侧出现虚线，将其保存为main.html，如图6-49所示，然后依次出现其他框架“另存为”对话框，并依次命名为bottom.html、body.html和top.html，单击“保存”按钮，如图6-50、图6-51和图6-52所示。

图6-49

图6-50

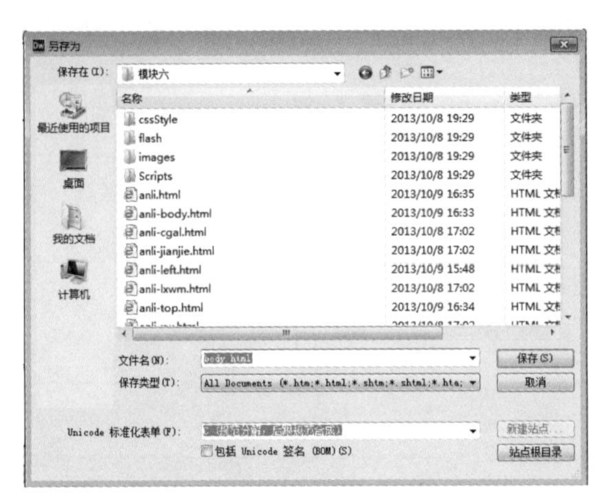

图6-51

图6-52

3. 修改框架代码

STEP 05 单击框架的最外边框，以选中整个框架，如图6-53所示，切换到“代码”视图。将框架的相应代码top.html修改为banner.html，body.html修改为mainpage.html，bottom.html修改为information.html，如图6-54所示，然后切换到“设计”视图，这时将显示相应的banner图、导航栏与信息栏，如图6-55所示。

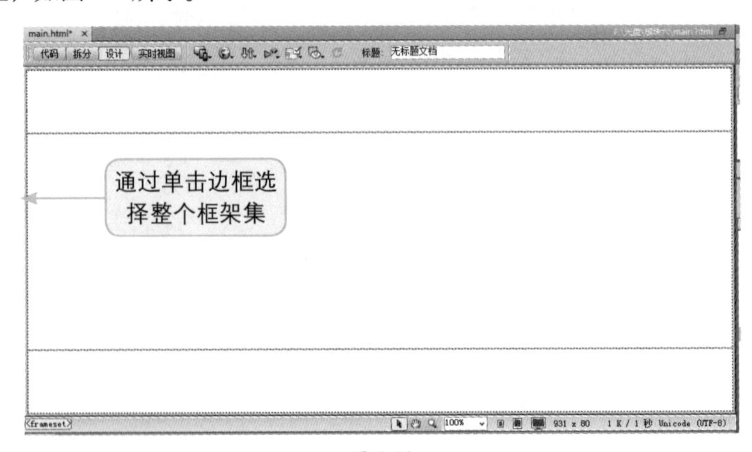

图6-53

```
6   </head>
7   <frameset rows="80,*,80" frameborder="no" border="0" framespacing="0">
8     <frame src="top.html" name="topFrame" scrolling="no" noresize="noresize" id="topFrame" title="topFrame"
    />
9     <frame src="body.html" name="mainFrame" id="mainFrame" title="mainFrame" />
10    <frame src="bottom.html" name="bottomFrame" scrolling="no" noresize="noresize" id="bottomFrame" title=
    "bottomFrame" />
11  </frameset>
12  <noframes><body>
13  </body></noframes>
14  </html>
```

图6-54

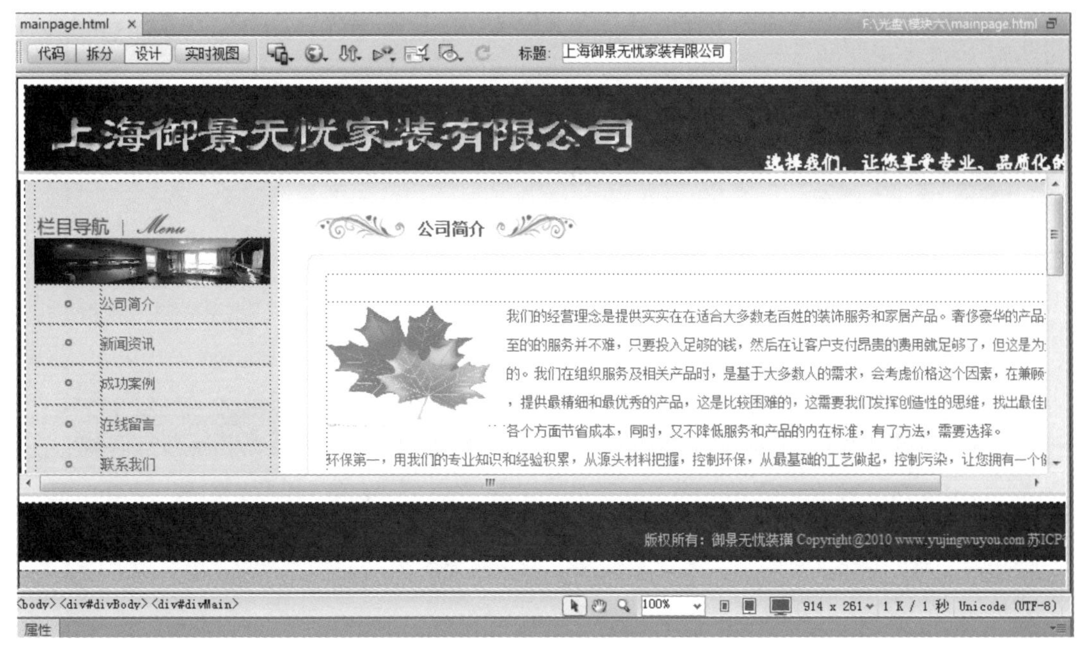

图6-55

STEP 06 选中框架集，设置最上方框架的行值为150，显示出整个导航内容，如图6-56所示。

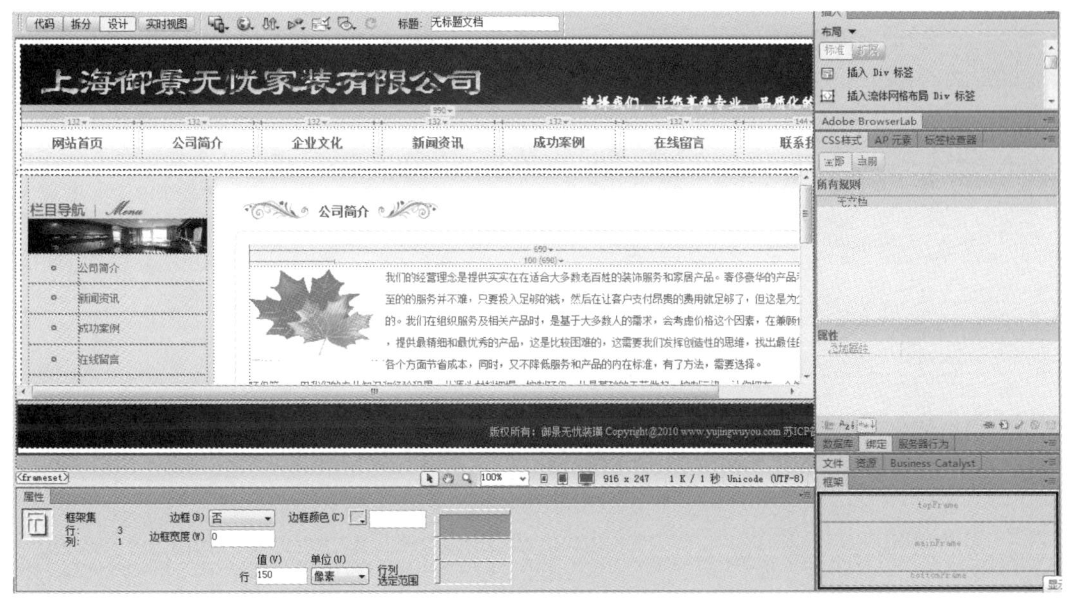

图6-56

4. 在框架中设置链接

STEP 07 选中导航栏内的“网站首页”，设置“链接”为mainpage.html，“目标”为mainFrame，如图6-57所示，按照相同方法对“公司简介”、“企业文化”、“新闻资讯”、“在线留言”、“联系我们”做相应属性设置，实现单击相应导航栏内容，在mainFrame框架中出现相应的页面。

图6-57

STEP 08 执行“文件”→“保存全部”命令，按F12键进行浏览。

Dw 知识点拓展

知识点1　框架集基础知识

1. 框架的概念

框架是网页中经常使用的页面设计方式，框架就是把浏览器窗口划分为若干个区域，再把多个网页文档显示在一个浏览器中。使用框架可以非常方便地完成导航工作，让网站的结构更加清晰，而且各个框架之间决不存在干扰问题。利用框架最大的特点就是使网站的风格一致。通常把一个网站中页面相同的部分单独制作成一个页面，作为框架结构的一个子框架的内容给整个网站公用。因为要设置访问者单击菜单时要跳转到的框架，所以要设置框架的名称。在“框架”面板中选择框架区域后，可以在“属性”面板中确认框架的名称，当创建框架时会自动指定框架的名称，但是为了记忆方便也可以更改框架的名称，这样在构造复杂的框架文档中指定目标框架时也会非常方便。

提 示

按下Shift+F2组合键可以快速显示框架面板，再次按下Shift+F2组合键则可以取消显示。

2. 框架结构的组成

框架技术由框架和框架集两部分组成。所谓框架集就是框架的集合，定义一组框架的布局和属性，包括框架的数目、框架的大小和位置以及在每个框架中初始显示的页面的URL。一般情况下，框架集文档中的内容不会显示在浏览器中，只是存储了一些框架如何显示的信息。可以将框架集看成是一个容纳和组织多个文档的容器，例如，一个页面中包含了两个框架，那么，加上框架集后，与该页面对应的就有3个HTML文件。使用框架布局网页，可以使网站的结构更加清晰。将某个页面划分为若干个框架时，就可以分别为各框架创建新文档，如图6-58和图6-59所示。

3. 框架结构的优缺点

使用框架结构的优点如下。

- 提高访问速度。加载页面时不需要加载整个页面，只需要加载页面中的一个框架页，减少了数据传输，提高了访问速度。
- 风格统一，便于网站更新。一个网站的不同网页会有相似的地方，可以把这个相同的部分单独做成一个页面，作为框架结构中一个框体的内容为整个站点所公用。这样在每次修改时，只需要修改这个公共网页，就能完成整个网站的设计更改。

- 技术易于掌握，使用方便，使用者众多，可主要应用于不需搜索引擎来搜索的页面。
- 方便访问。一般公用框体的内容都做成网站中各主要栏目的链接，当浏览器的滚动条滚动时，这些链接不随滚动条的滚动而上下移动，而一直固定在浏览器窗口的某个位置，访问者可以随时单击跳转到另一页面。

图6-58

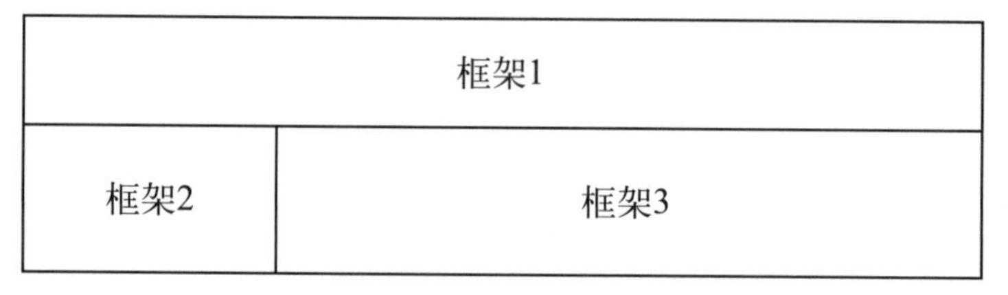

图6-59 框架结构

提 示

在制作含有框架的页面时，要特别注意超链接目标属性的设置，一旦设置错误将有可能失去站点的导航功能，从而导致浏览者无法正常浏览网页。

框架的缺点有以下几点。

- 早期的浏览器和一些特定的浏览器不支持框架结构（但目前使用的绝大多数浏览器都支持）。
- 会产生很多页面，不容易管理。
- 不容易打印（目前只能实现分框架页面的打印，不能实现对frameset的打印）。
- 浏览器的后退按钮无效（只能针对实现当前光标所在页面的前进与后退，无法实现frameset整个页面的前进与后退）。

- 多数小型的移动设备无法完全显示框架。
- 难以实现不同框架中各页面元素的精确对齐。
- 代码复杂，无法被一些搜索引擎索引到（框架结构不能为每个网页都设置一个标题。更为糟糕的是，有些搜索引擎对框架结构的页面不能正确处理，会影响到搜索结果的排列名次）。
- 多框架的页面会增加服务器的http请求。

知识点2 框架及框架集的基本操作

1. 认识“框架”面板

执行“窗口”→“框架”命令可以在浮动面板组显示“框架”面板。在“框架”面板中，显示了不同框架区域显示的框架名称，也显示了框架的结构，如图6-60所示。

注 意

在框架文档中进行新建、删除某个现有的框架，或者修改框架的尺寸、名称时，“框架”面板中的示意图将随之发生变化。

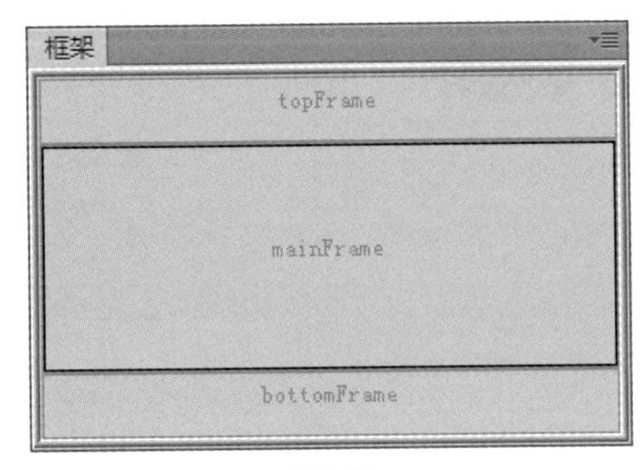

图6-60

2. 选中框架和框架集

要对框架和框架集进行操作通常需要选中框架和框架集。通过编辑窗口或“框架”面板可将其选中。

（1）在编辑窗口选中框架和框架集。

- 选中框架。按住Alt键，在需要选中的框架内单击可选中该框架，被选中的框架边框显示为虚线，如图6-61所示。
- 选中框架集。单击框架集的边框即可选中整个框架集，选中的框架集包含的所有框架边框都将呈虚线，如图6-62所示。

06

图6-61

图6-62

注 意

框架边框可选择的项目有“是”、“否”和“默认”三个选项，框架边框的设置会优先于框架结构属性中边框的设置，但是在很多情况下，不应该让框架网页显示边框。

(2) 在“框架”面板中选中框架和框架集。

- 选中框架。在“框架”面板中单击要选中的框架即可将其选中，被选中的框架在“框架”面板中以粗黑框显示，如图6-63所示。

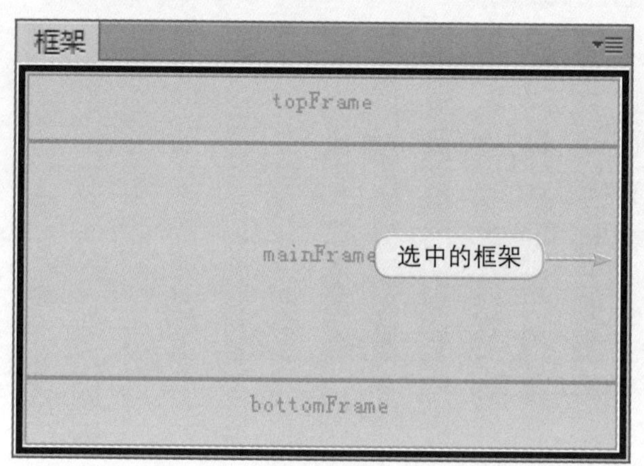

图6-63

- 选中框架集。在“框架”面板中单击框架集的边框即可选中框架集，如图6-64所示。

图6-64

要将选择转移到另一个框架，可以进行以下操作：

①按Alt键和左（或右）方向键，可以将选择转移到下一个框架。

②按Alt键和上方向键，可以将选择转移到父框架。

③按Alt键和下方向键，可以将选择转移到子框架。

3. 调整框架大小

在制作框架页面时，通常需要调整框架显示的范围，这就需要调整框架的大小，其具体操作如下。

STEP01 将鼠标指针移至需要调整的框架边框上，此时指针变为↔形状，如图6-65所示。

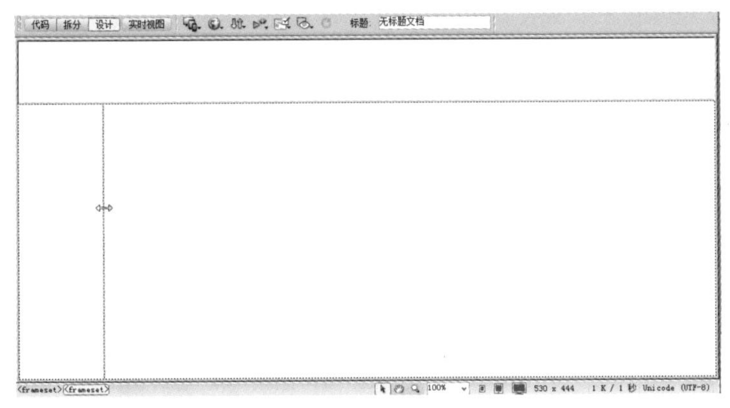

图6-65

STEP02 按住鼠标左键不放并拖拽至合适位置，然后释放鼠标，即可改变框架大小，如图6-66所示。

4. 拆分框架

Dreamweaver中预定义了许多框架样式，但有时还不能满足制作网页的需要，这时可以将框架进行拆分，自定义框架样式。拆分框架的具体操作如下。

STEP01 将光标插入点定位到需要拆分的框架中。

注 意

对于框架边框颜色的设置要优先于对框架结构边框颜色的设置。框架颜色的设置会影响到相邻框架的颜色。

STEP 02 执行“修改”→“框架集”命令，在级联菜单中选择拆分项，这里选择“拆分左框架”选项，如图6-67所示，拆分的框架如图6-68所示。

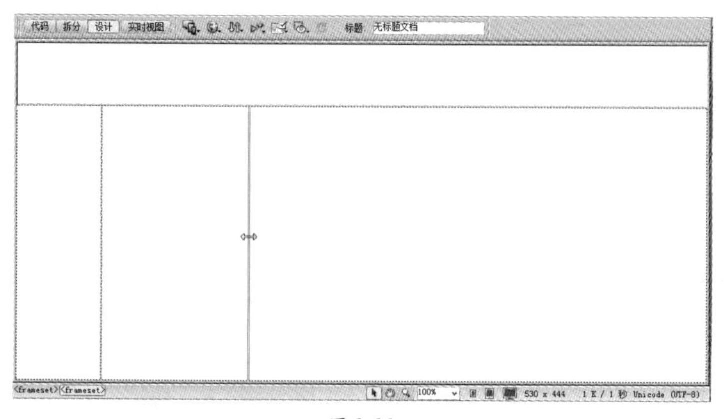

图6-66

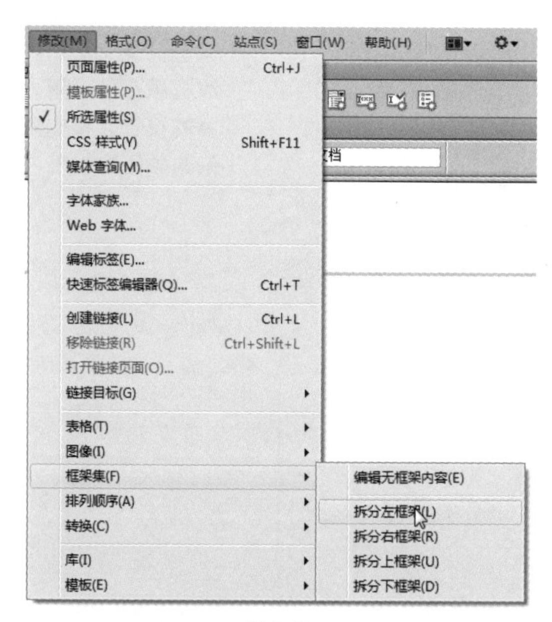

图6-67

图6-68

5. 删除框架

若框架集中有多余的框架，可将其删除，其具体操作如下。

STEP 01 将鼠标指针移至需调整的框架边框上。

STEP 02 当鼠标指针变为 形状时，按住鼠标右键不放将其往页面外拖拽，如图6-69所示。

注 意

框架在网页的布局中是一个非常重要的方式，尽管使用框架可以很方便的对页面进行组织，但在制作的过程中应该尽量避免框架嵌套的过多。

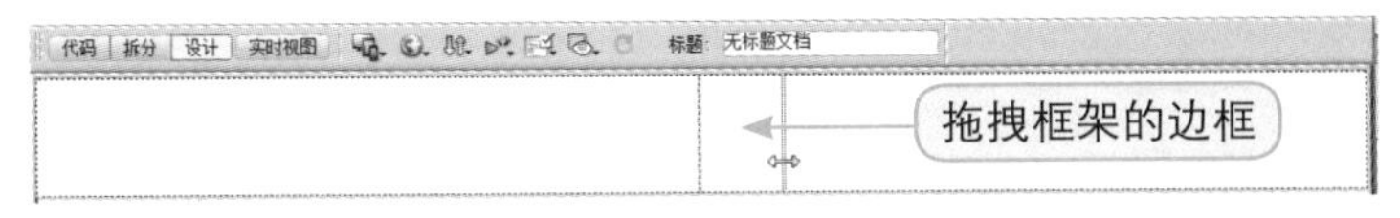

图6-69

STEP03 当框架拖离页面后释放鼠标，完成框架的删除，如图6-70所示。

图6-70

知识点3　框架及框架集的属性设置

选中框架或框架集后，可对其名称、源文件、空白边距、滚动特性、大小特性以及边框特性等属性进行设置。

1. 框架的属性设置

选中需要设置属性的框架，其“属性”面板如图6-71所示。

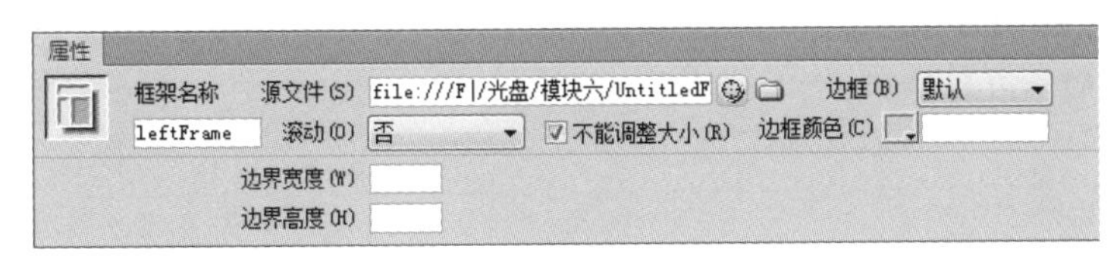

图6-71

框架“属性”面板中的各参数含义如下。

- 框架名称：可以为选中的框架命名，以方便被JavaScript程序引用，也可以作为打开链接的目标框架名。
- 源文件：显示框架源文件的URL地址，单击文本框右侧的按钮可以在弹出的对话框中重新指定框架源文件的地址。
- 滚动：设置框架出现滚动的方式，“是”表示无论框架文档中的内容是否超出框架的大小都会显示滚动条；“否”表示即使框架文档中的内容超出了框架大小，也不会出现框架滚动条；“自动”表示当框架文档内容超出了框架大小时，才会出现框架滚动条；“默认”表示采用大多数浏览器采用的自动方式。
- 不能调整大小：选中该复选框则不能在浏览器中通过拖拽框架边框来改变框架的大小。

注 意

框架名称只能是由字母、下划线符号等组成的字符串，且必须是以字母开头，不能出现连字符、句点及空格，不能使用JavaScript的保留关键字。

- 边框：设置是否显示框架的边框。
- 边框颜色：设置框架边框的颜色。
- 边界宽度：输入当前框架中的内容距左右边框间的距离。
- 边界高度：输入当前框架中的内容距上下边框间的距离。

注 意

如果页面中有多余的框架页面，应该及时删除，删除框架页以后，原框架中保存的页面并不会被删除。

2. 框架集的属性设置

选中需要设置属性的框架集，“属性”面板如图6-72所示。

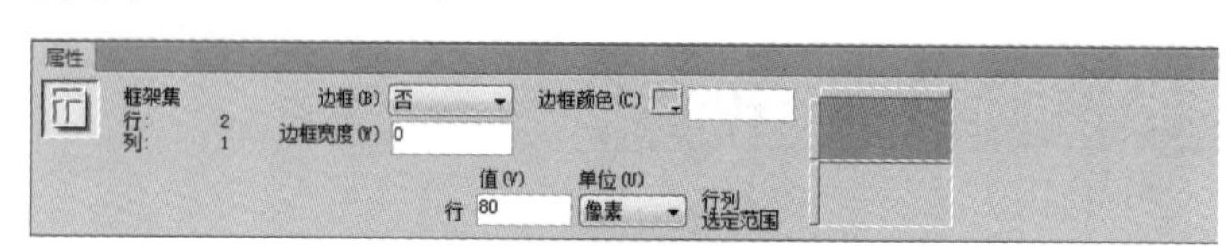

图6-72

框架集“属性”面板中的各参数含义如下。

- 边框：设置是否显示框架的边框。
- 边框宽度：设置框架边框的粗细。
- 边框颜色：设置框架边框的颜色。
- 行、列：可以设置框架的行或列的宽度。

Dw 独立实践任务

任务3　制作“课程介绍”网页

任务背景

某学校精品课程网站在网站建设过程中，为了宣传其精品课程，以利于提高学科的知名度，需在网站建立各类课程的网页介绍，如图6-73所示。

图6-73

任务要求

要求每个页面有相同的banner、导航栏与信息栏，并要求页面风格统一，简洁大方。

【技术要领】 框架集的建立、保存，框架集代码的修改、链接
【解决问题】 由于要求每个页面有相同的banner图、导航栏与信息栏，故使用框架集建立
【应用领域】 企业网站
【素材来源】 无

任务分析

主要制作步骤

Dw 职业技能考核

一、选择题

1. 网页中（　　）结构类似于一个独立的网页。

A. 层　　B. 框架

C. 表格　　D. 表单

2. 有3个框架的一个网页，在保存后，有（　　）个文件。

A. 1　　B. 3

C. 4　　D. 5

3. 在Internet Explorer的默认状态下，层的标记为（　　）。

A. <Layer>　　B. <Div>

C. <Ilayer>　　D. <Span>

4. 设置框架超链接，其中的 目标 下拉列表框中的_blank参数的意义是（　　）。

A. 将会在父窗口中显示超链接的内容

B. 将会在一个新窗口中显示超链接的内容

C. 将会在自己的窗口中显示超链接的内容

D. 将会在当前Web页的最外面的框架中打开超链接

5. 下面（　　）方法可以选择一个框架。

A. 在网页设计中单击框架的内容

B. 在网页设计中单击框架的边界

C. 在“框架”面板中单击一个框架

D. 在“高级布局”面板的框架选项中选择

6. 框架的列宽除了可以用像素表示外，还可以用（　　）的方式来定义。

A. 比例　　B. 英寸

C. 厘米　　D. 毫米

二、填空题

1. 框架网页的一个特点是__________。

2. 创建框架时，其中的一个主框架默认名称是__________。

3. 保存一个框架网页的菜单命令有____________、____________、____________和__________。

4. “框架”面板的作用主要是__________。

5. 可以在__________中修改框架的名称。

6. 框架的最大优势在于整个网站的__________与__________。

06

学习心得

模块07 创建表单网页

表单，在网页中的作用不可小视，主要负责数据采集、得到反馈信息和进行网络调查，比如可以采集访问者的名字和Email地址、留言簿、调查表等。表单在网络中应用非常广泛，上网时的登录页面、注册页面，以及一些提交意见、投票的页面都属于表单页面。浏览者在填好表单后，应该提交所输入的数据，这些数据会根据网页设计者设置的表单处理程序，以不同的方式进行处理。它是网站管理者与浏览者进行交互的一种媒介。表单通常由两部分组成：一是描述表单的HTML源代码；二是客户端的脚本，或者服务器端用来处理用户所填信息的程序。在一个表单中会包含文本域、列表框、复选框、单选按钮、隐藏域、文件域、图像域、按钮等其他表单对象。

能力目标：

1. 创建表单
2. 插入文本域
3. 插入密码域
4. 插入复选框和单选按钮
5. 插入列表和菜单
6. 插入隐藏域和文件域
7. 插入按钮
8. 插入跳转菜单

知识目标：

1. 了解表单
2. 理解表单交互过程

课时安排：4课时（讲课2课时，实践2课时）

Dw 模拟制作任务

任务1 制作“客户留言”网页

任务背景

对于企业网站来说，为了更好地了解客户需求，掌握客户信息，从而为客户提供更加优质的服务，同时方便沟通客户，就需要在企业网站中包含有客户留言页面。本任务为该家装设计网站制作一个“客户留言”网页，客户留言页面效果如图7-1所示。

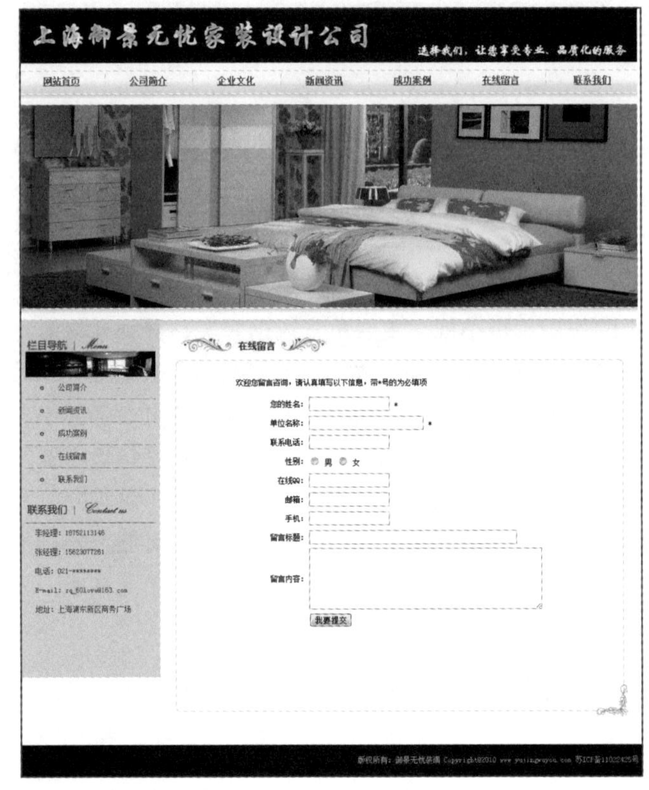

图7-1

任务要求

客户留言网页要包括客户填写的基本信息，排版格式要规范。

任务分析

在设计之前了解企业需要获取客户什么留言信息，将信息通过表单对象组合“客户留言”网页，并使用表格规范版式。

重点、难点

1. 表单与表单对象的关系。
2. 表单对象属性设置。

【技术要领】 首先在网页中添加表单，然后在表单中添加各种表单对象
【解决问题】 表单与表单对象的关系
【应用领域】 个人网站，企业网站
【素材来源】 “光盘:\素材文件\模块07”目录下
【视频来源】 “光盘:\操作视频\模块07”目录下

任务详解

1. 添加表单

STEP 01 启动Dreamweaver CS6软件，执行“文件”→“打开”命令，弹出“打开”对话框，选择liuyan.html网页，单击“打开”按钮，效果如图7-2所示。

图7-2

STEP 02 将光标置于“在线留言”区域内的表格中，输入文字“欢迎您留言咨询，请认真填写以下信息，带*号的为必填项”，选中文字，单击“属性”面板中的“文本缩进”按钮两次，设置字体“大小”为“12”像素，效果如图7-3所示。

图7-3

STEP 03 将光标插入点定位到文本下方，执行菜单栏中的“插入”→“表单”→“表单”命令，添加表单，如图7-4所示，弹出如图7-5所示“标签编辑器-form”对话框，选择方法为post，输入名称为“form1”，单击“确定”按钮完成表单插入。

图7-4

2. 表格布局

STEP 04 将光标插入点定位到表单中，执行“插入”→“表格”命令，弹出如图7-6所示的“表格”对话框，从中设置表格大小属性。

07

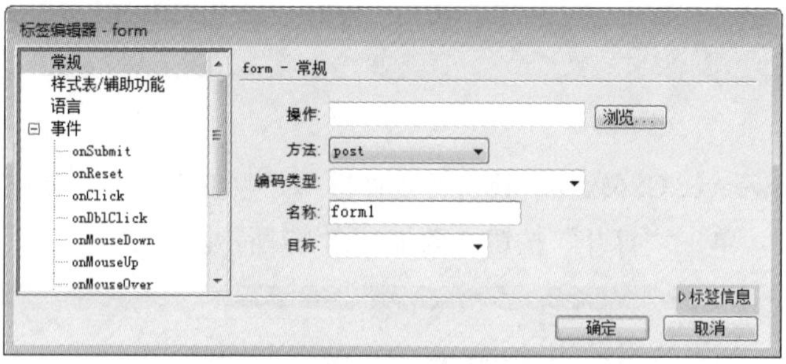

标签编辑器 - form
常规
样式表/辅助功能
语言
事件
onSubmit
onReset
onClick
onDblClick
onMouseDown
onMouseUp
onMouseOver
form - 常规
操作:
浏览...
方法: post
编码类型:
名称: form1
目标:
标签信息
确定
取消

图7-5

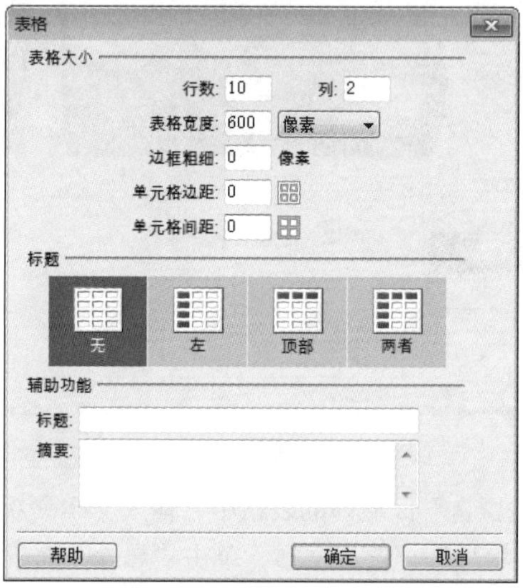

表格
表格大小
行数: 10
列: 2
表格宽度: 600 像素
边框粗细: 0 像素
单元格边距: 0
单元格间距: 0
标题
无
左
顶部
两者
辅助功能
标题:
摘要:
帮助
确定
取消

图7-6

STEP 05 设置“行数”为“10”，“列数”为“2”，“表格宽度”为“600”像素，“边框粗细”为“0”像素，“单元格边距”和“单元格间距”均为“0”，单击“确定”按钮，添加表格效果如图7-7所示。

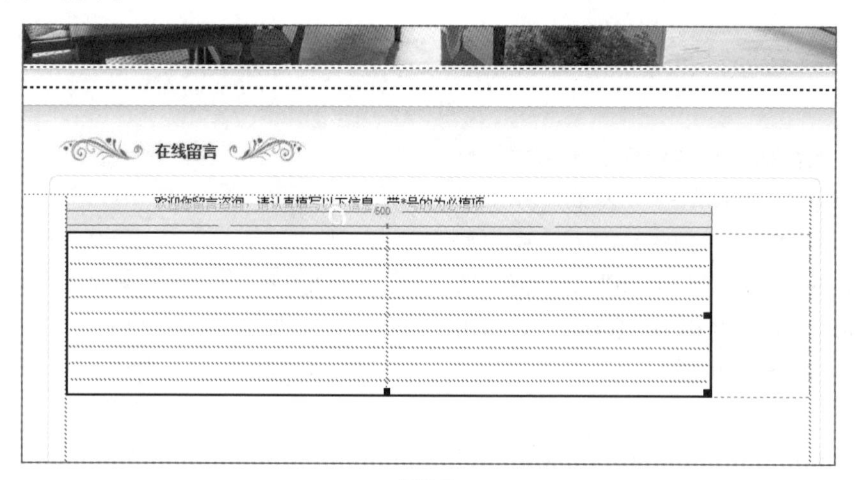

图7-7

STEP 06 选中整个表格，在“属性”面板中，设置“对齐”为“居中对齐”，并调整表格宽度，效果如图7-8所示。

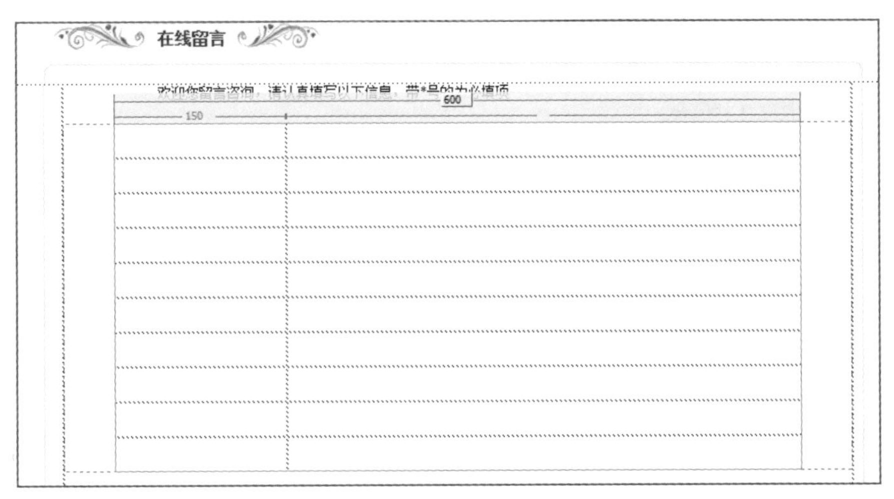

图7-8

3. 添加表单对象

STEP 07 将光标插入点定位到第1个单元格中，输入文本“您的姓名：”，并将其设置为“右对齐”，再将光标插入点定位到旁边的单元格中，在“表单”插入栏中单击“文本字段”按钮，添加单行文本字段，如图7-9所示。

图7-9

STEP 08 选中该文本字段，在“属性”面板中，将“字符宽度”和“最多字符数”设置为“16”，如图7-10所示。

图7-10

STEP 09 将光标插入点定位到添加的文本字段的后面，在其后输入文本“*”，在“属性”面板中，设置“水平”为“左对齐”，如图7-11所示；添加的单行文本字段效果如图7-12所示。

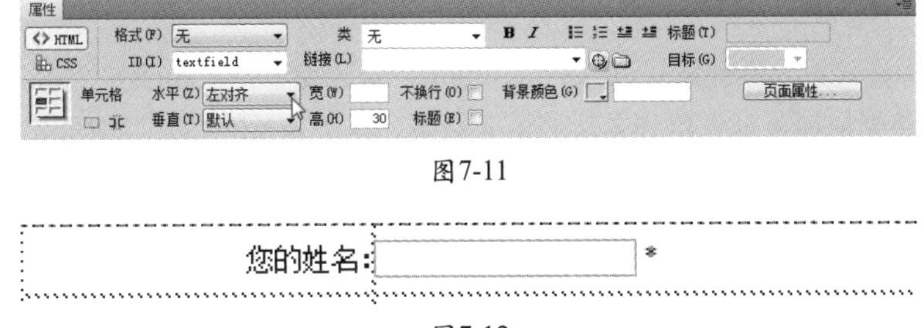

图7-11

图7-12

STEP 10 将光标插入点定位到第2行第1个单元格中，输入文本“单位名称：”，并将其设置为“右对齐”，再将光标插入点定位到旁边的单元格中，在“表单”插入栏中单击“文本字段”按钮，添加单行文本字段，选中该文本字段，在“属性”面板中，“字符宽度”设置为

"25"，"最多字符数"设置为"25"，如图7-13所示，将光标插入点定位到添加的文本字段的后面，在其后输入文本"*"，然后在"属性"面板中，设置"水平"为"左对齐"，添加的文本字段如图7-14所示。

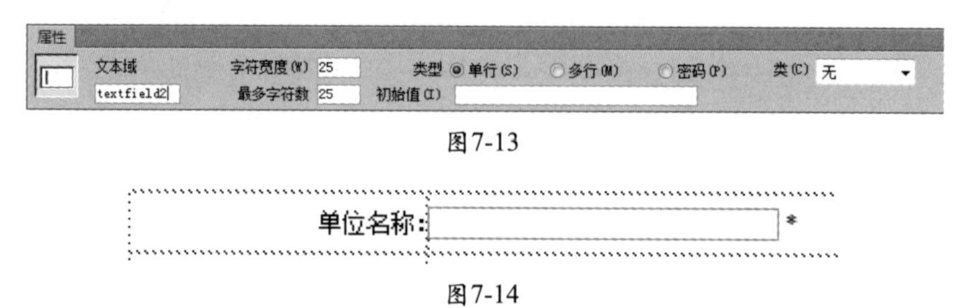

图7-13

图7-14

STEP 11 将光标插入点定位到第3行第1个单元格中，输入文本"联系电话："，并将其设置为"右对齐"，再将光标插入点定位到旁边的单元格中，在"表单"插入栏中单击"文本字段"按钮，添加单行文本字段，选中该文本字段，在"属性"面板中，"字符宽度"设置为"16"，"最多字符数"设置为"13"，将光标插入点定位到添加的文本字段的后面，在"属性"面板中，设置"水平"为"左对齐"，如图7-15所示。

图7-15

STEP 12 将光标插入点定位到第4行第1个单元格中，输入文本"性别："，并将其设置为"右对齐"，将光标插入点定位到旁边的单元格中，在"表单"插入栏中单击"单选按钮"按钮，如图7-16所示，添加单选按钮，在其后输入文本"男"，用同样的方法在其后添加"女"单选按钮，将光标插入点定位到添加的单选按钮后，在"属性"面板中，设置"水平"为"左对齐"，如图7-17所示。

图7-16

图7-17

STEP 13 将光标插入点定位到第5行第1个单元格中，输入文本"在线QQ："，并将其设置为"右对齐"，将光标插入点定位到旁边的单元格中，在"表单"插入栏中单击"文本字段"按钮，添加单行文本字段，选中该文本字段，在"属性"面板中，将"字符宽度"设置为"16"，"最多字符数"设置为"12"，将光标插入点定位到添加的文本字段的后面，在"属性"面板中，设置"水平"为"左对齐"，添加效果如图7-18所示。

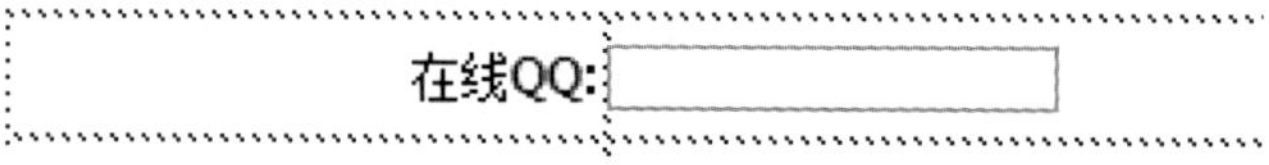

图7-18

STEP 14 将光标插入点定位到第6行第1个单元格中，输入文本"邮箱："，并将其设置为

“右对齐”，将光标插入点定位到旁边的单元格中，在“表单”插入栏中单击“文本字段”按钮，添加单行文本字段，选中该文本字段，在“属性”面板中，将“字符宽度”设置为“16”，“最多字符数”设置为“20”，然后将光标插入点定位到添加的文本字段的后面，在“属性”面板中，设置“水平”为“左对齐”，添加效果如图7-19所示。

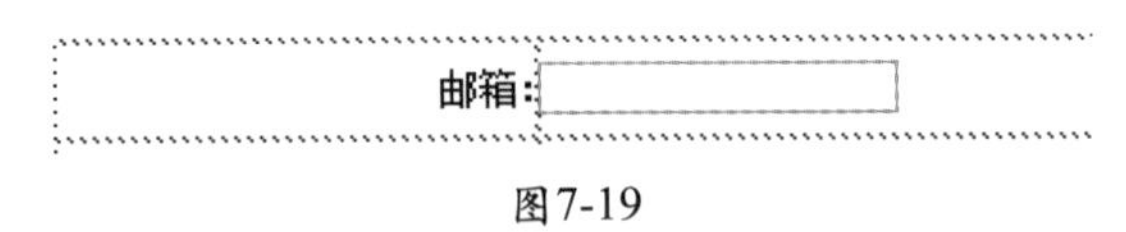

图7-19

STEP 15 将光标插入点定位到第7行第1个单元格中，输入文本“手机：”，并将其设置为“右对齐”，将光标插入点定位到旁边的单元格中，在“表单”插入栏中单击“文本字段”按钮，添加单行文本字段，选中该文本字段，在“属性”面板中，将“字符宽度”设置为“16”，“最多字符数”设置为“12”，然后将光标插入点定位到添加的文本字段的后面，在“属性”面板中，设置“水平”为“左对齐”，添加效果如图7-20所示。

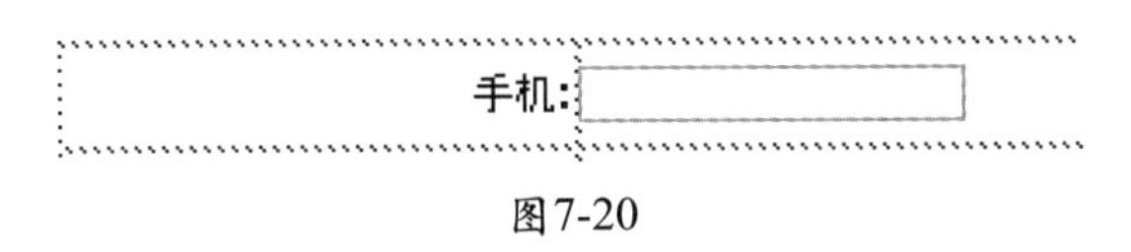

图7-20

STEP 16 将光标插入点定位到第8行第1个单元格中，输入文本“留言标题：”，并将其设置为“右对齐”，将光标插入点定位到旁边的单元格中，在“表单”插入栏中单击“文本字段”按钮，添加单行文本字段，选中该文本字段，在“属性”面板中，将“字符宽度”设置为“50”，“最多字符数”设置为“100”，然后将光标插入点定位到添加的文本字段的后面，在“属性”面板中，设置“水平”为“左对齐”，添加效果如图7-21所示。

图7-21

STEP 17 将光标插入点定位到第9行第1个单元格中，输入文本“留言内容：”，并将其设置为右对齐，将光标插入点定位到旁边的单元格中，在“表单”插入栏中单击“文本区域”按钮，创建文本区域，如图7-22所示。

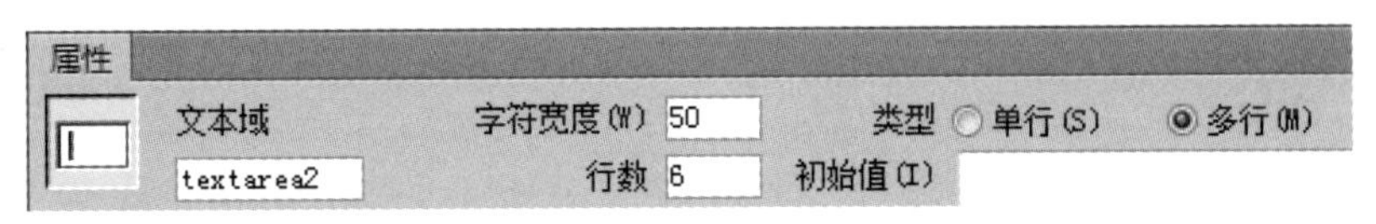

图7-22

STEP 18 选中该文本区域，在“属性”面板中，将“字符宽度”设置为“50”，“行数”设置为“6”，如图7-23所示。

属性

文本域	字符宽度(W) 50	类型 ○单行(S) ◉多行(M)
textarea2	行数 6	初始值(I)

图7-23

STEP 19 将光标插入点定位到添加的文本区域的后面，在“属性”面板中，设置“水平”为“左对齐”，添加效果如图7-24所示。

图7-24

STEP 20 将光标插入点定位到最后一个单元格中，在“表单”插入栏中单击“按钮”按钮，如图7-25所示，为表单添加按钮，如图7-26所示。

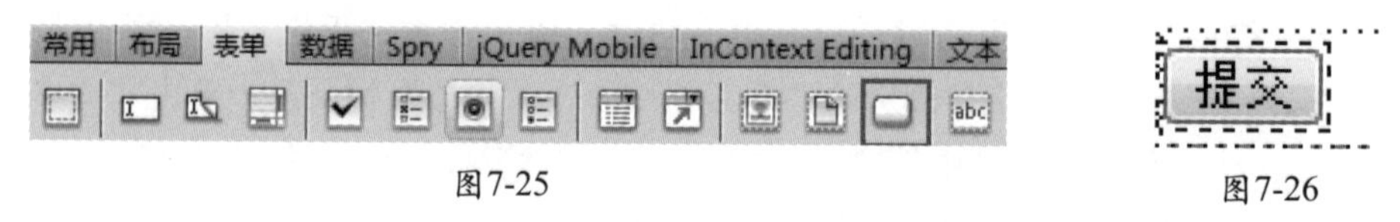

图7-25　　图7-26

STEP 21 选中该按钮，在“属性”面板中的“值”文本框中输入“我要提交”，如图7-27所示；将光标插入点定位到添加的按钮后面，在“属性”面板中，设置“水平”为“居中对齐”，修改后的按钮如图7-28所示。

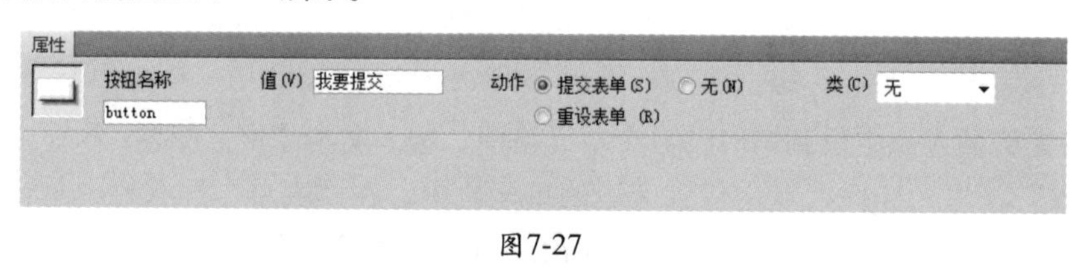

图7-27

图7-28

STEP 22 选项“文件”→“保存”命令，保存网页，按F12键浏览网页。

任务2　制作电子邮件表单

任务背景

为了企业更好的发展，需要先制作一个“人才招聘”页面，将应聘人员的应聘信息进行收集统计。为了具有良好的交互性，将收集的所有应聘信息表单直接反馈到企业领导的邮箱中，还需制作应聘信息表，如图7-29所示。

任务要求

人才招聘网页界面简洁大方，排版规范。

任务分析

在设计之前要对此次“人才招聘”进行分析，确定所需要的人才信息。通过简单的电子邮件提交表单，收集提交者的应聘信息，它不需要很多脚本语言，只是利用表单本身的一些属性，就能达到客户填写表单后发送电子邮件的效果。

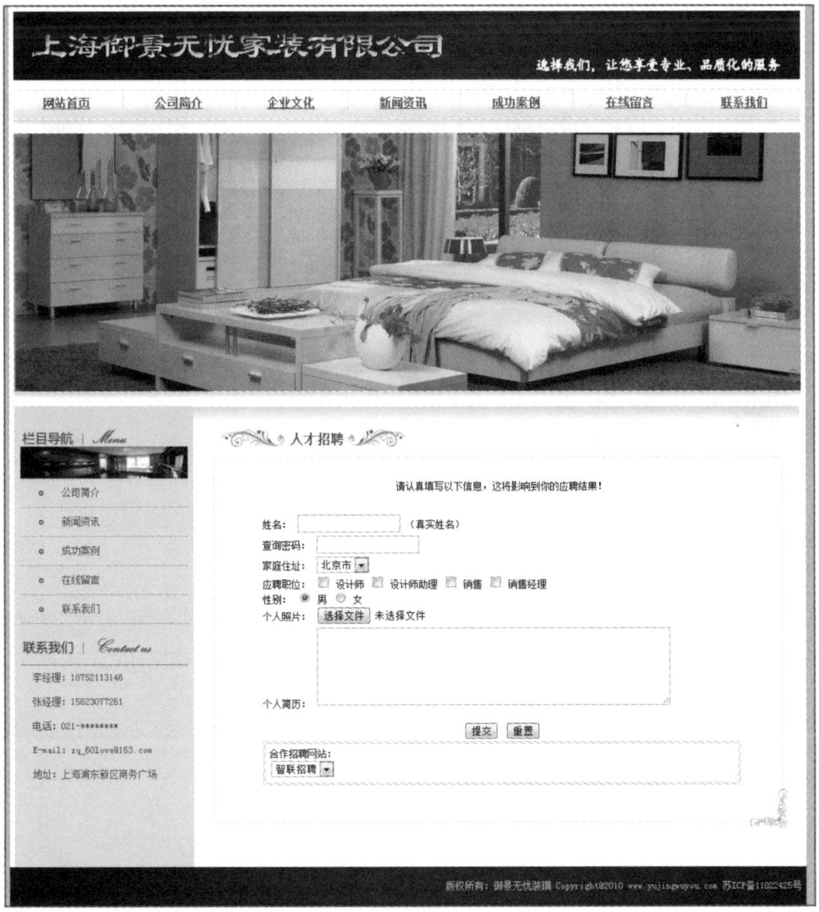

图7-29

重点、难点

1. 列表/菜单。
2. 跳转菜单。

【技术要领】填写表单时，有些信息不用输入，只需要选择
【解决问题】制作表单时，可用列表/菜单、复选框、单选按钮
【应用领域】个人网站，企业网站
【素材来源】“光盘:\素材文件\模块07”目录下

任务详解

1. 添加表单

STEP 01 启动Dreamweaver CS6软件，执行“文件”→“打开”命令，弹出“打开”对话框，选择zhaopin.html网页，单击“打开”按钮，效果如图7-30所示。

图7-30

STEP 02 将光标插入点定位到表格中，输入文字“请认真填写以下信息，这将影响到你的应聘结果！”，选中文字，单击“属性”面板中的“文本缩进”按钮两次，设置文本字体“大小”为“12”像素，如图7-31所示。

图7-31

STEP 03 将光标插入点定位到文本下方，单击“表单”插入栏中的“表单”按钮，添加表单，如图7-32所示，选中添加的表单，在表单“属性”面板中的“动作”文本框中输入“mailto:zq_60love@163.com”，在“方法”下拉列表框中选择“POST”选项，如图7-33和图7-34所示。

图7-32

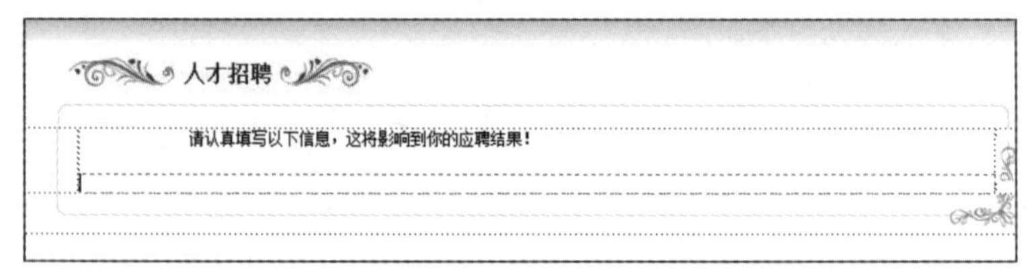

图7-33

图7-34

2. 表格布局

STEP 04 将光标插入点定位到表单中，执行“插入”栏中的“常用”→“表格”命令，弹出“表格”对话框，设置表格大小属性，“行数”为“2”，“列数”为“1”，“表格宽度”为“600”像素，“边框粗细”为“0”像素，“单元格边距”和“单元格间距”均为“0”，单击“确定”按钮，如图7-35所示。

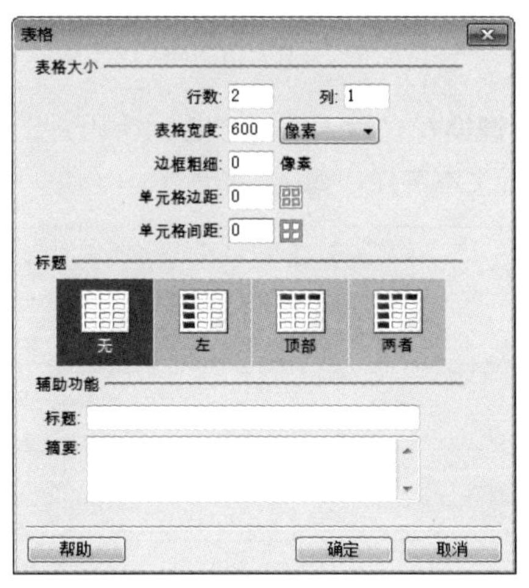

图7-35

STEP 05 随后选中表格，在“属性”面板中设置“对齐”为“居中对齐”，效果如图7-36所示。

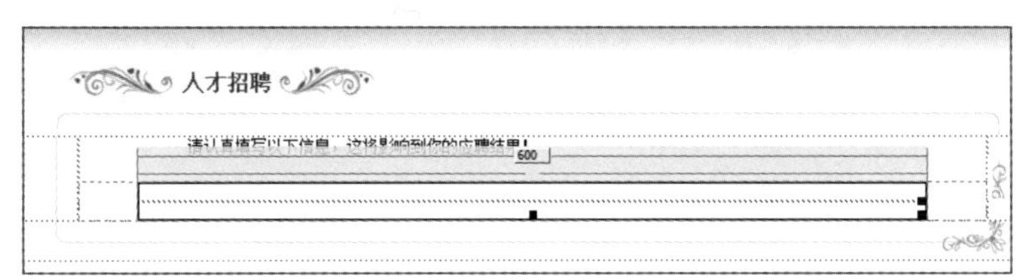

图7-36

3. 添加表单对象

STEP 06 将光标插入点定位到第1行单元格中，按Shift+Enter组合键换行，在单元格中输入文本“姓名：”，在“表单”插入栏中单击“文本字段”按钮，添加单行文本字段，如图7-37所示。

图7-37

STEP 07 选中该文本字段，在“属性”面板中，将“字符宽度”设置为“16”，“类型”设置为“单行”，如图7-38所示，然后将光标插入点定位到添加的文本字段的后面，输入文字“（真实姓名）”，如图7-39所示。

图7-38

07

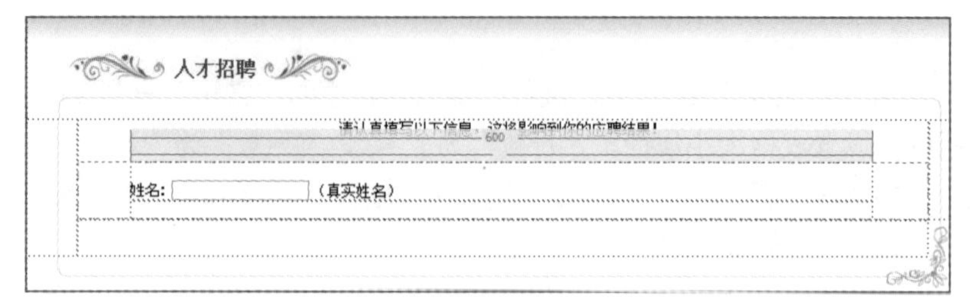

图7-39

STEP 08 按Shift+Enter组合键换行，输入文本“查询密码：”，在“表单”插入栏中单击“文本字段”按钮，添加单行文本字段，如图7-40所示。

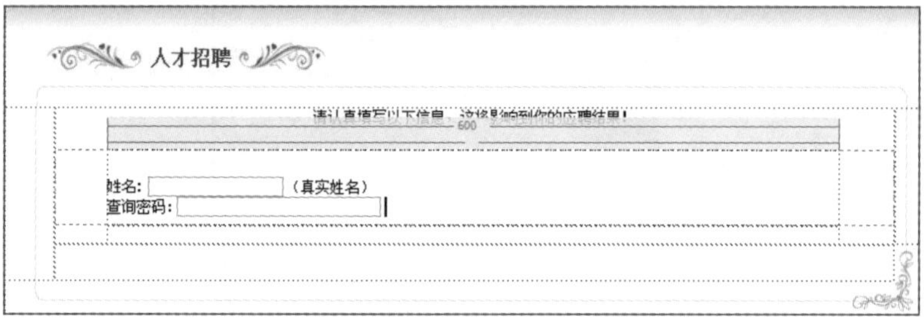

图7-40

STEP 09 选中该文本字段，在“属性”面板中，将“字符宽度”设置为“16”，“类型”设置为“密码”，如图7-41所示，效果如图7-42所示。

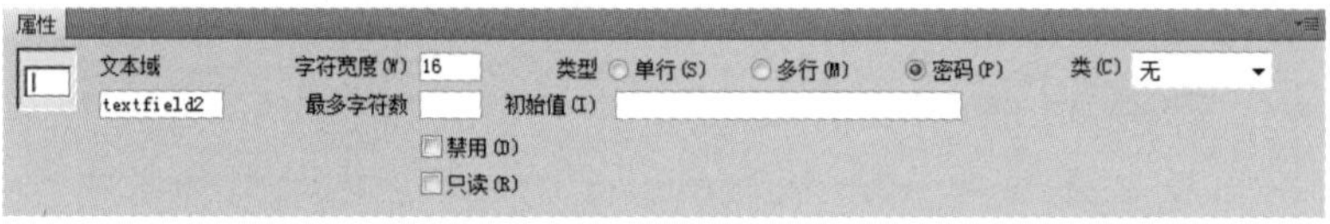

图7-41

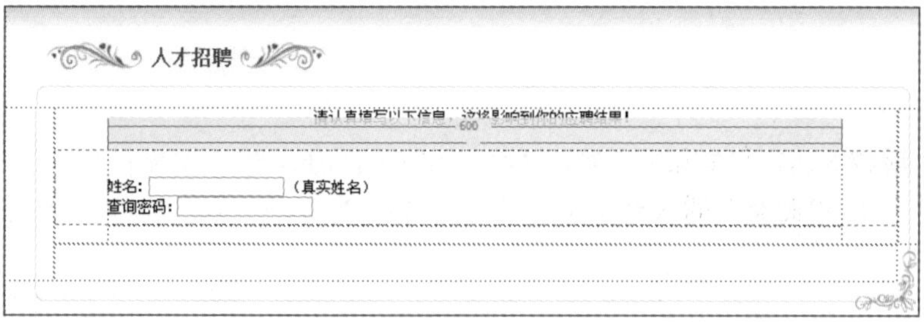

图7-42

STEP 10 按Shift+Enter组合键换行，输入文本“家庭住址：”，在“表单”插入栏中单击“选择（列表/菜单）”按钮，如图7-43所示，添加列表/菜单，效果如图7-44所示。

STEP 11 选中该列表框，在“属性”面板中，单击“列表值”按钮，如图7-45所示，弹出“列表值”对话框，如图7-46所示。

图7-43

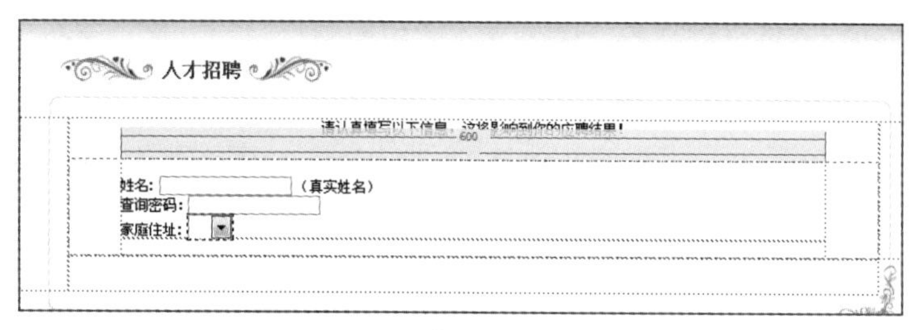

图7-44

图7-45

图7-46

STEP 12 单击“列表值”对话框中的[+]按钮，添加相应的项目标签和值，如图7-47所示，单击“确定”按钮，在添加到“属性”面板中的“初始化时选定”列表框中，将“类型”设置为“菜单”，如图7-48所示，设置项目值的列表框，效果如图7-49所示。

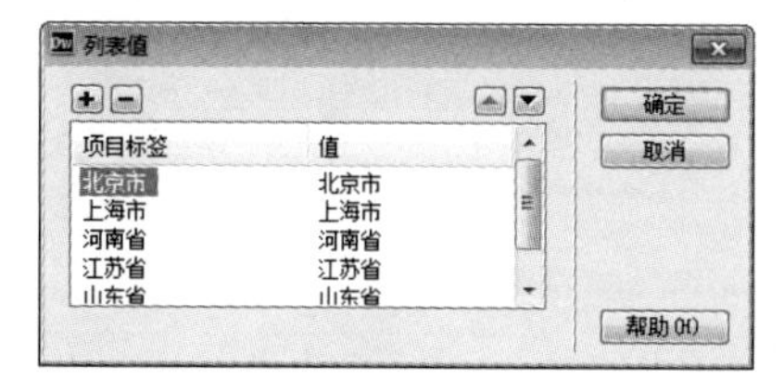

图7-47

图7-48

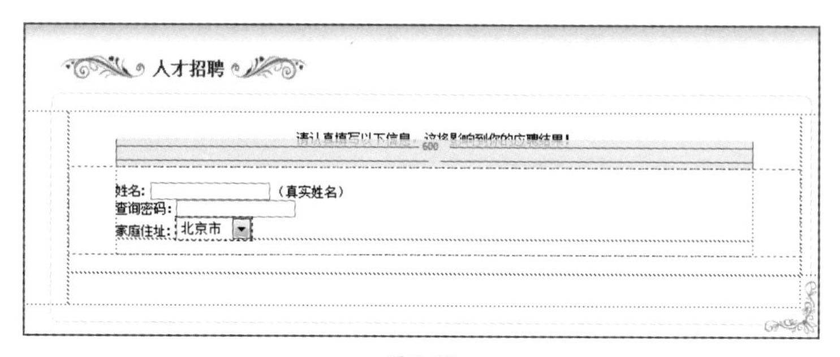

图7-49

STEP 13 按Shift+Enter组合键换行，输入文本“应聘职位：”，在“表单”插入栏中单击“复选框”按钮，如图7-50所示，添加复选框，效果如图7-51所示。

常用
布局
表单
数据
Spry
jQuery Mobile
InContext Editing

图7-50

人才招聘
姓名:
（真实姓名）
查询密码:
家庭住址:
北京市
应聘职位:

图7-51

STEP 14 选中该复选框，在“属性”面板中，将“初始状态”设置为“未选中”，如图7-52所示，在复选框后输入文字“设计师”，如图7-53所示。

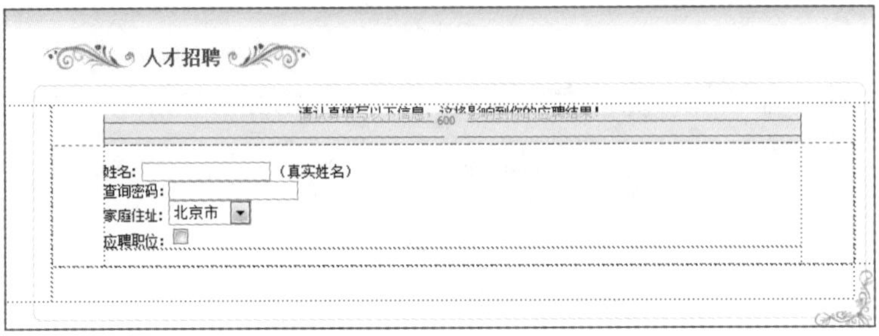

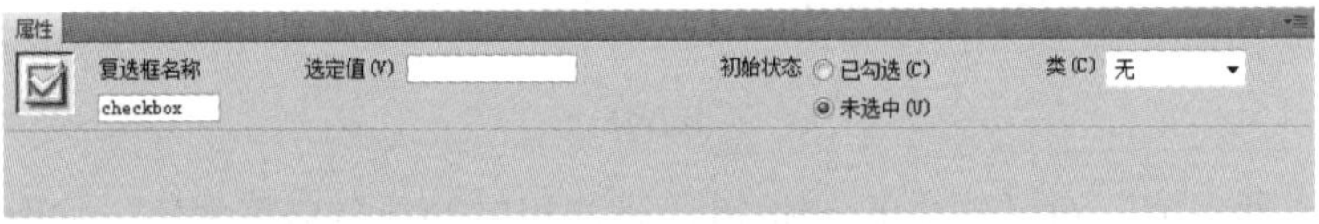

属性
复选框名称
checkbox
选定值(V)
初始状态
已勾选(C)
未选中(U)
类(C)
无

图7-52

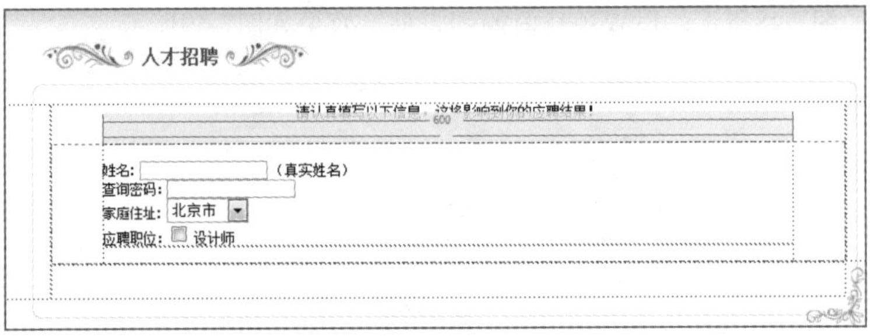

人才招聘
姓名:
（真实姓名）
查询密码:
家庭住址:
北京市
应聘职位:
设计师

图7-53

STEP 15 按照步骤13和步骤14，插入其他复选框并输入文字，效果如图7-54所示。

STEP 16 按Shift+Enter组合键换行，输入文本“性别：”，在“表单”插入栏中单击“单选按钮”按钮，如图7-55所示，添加单选按钮，如图7-56所示。

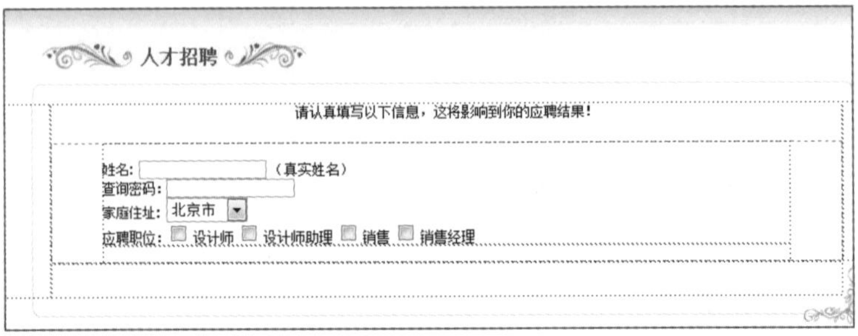

人才招聘
请认真填写以下信息，这将影响到你的应聘结果！
姓名:
（真实姓名）
查询密码:
家庭住址:
北京市
应聘职位:
设计师
设计师助理
销售
销售经理

图7-54

图7-55

图7-56

STEP 17 选中该单选按钮，在“属性”面板中，将“初始状态”设置为“已勾选”，“选定值”设置为“男”，如图7-57所示，在单选按钮后输入文字“男”，效果如图7-58所示。

图7-57

图7-58

STEP 18 按照步骤16和步骤17，插入单选按钮并输入文字“女”，如图7-59所示。

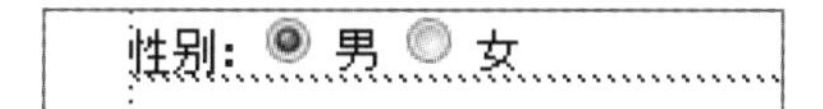

图7-59

STEP 19 按Shift+Enter组合键换行，输入文本“个人照片：”，在“表单”插入栏中单击“文件域”按钮，如图7-60所示，添加文件域，效果如图7-61所示。

图7-60

图7-61

STEP 20 按Shift+Enter组合键换行，输入文本“个人简历：”，按Shift+Enter组合键换行，在“表单”插入栏中单击“文本区域”按钮，如图7-62所示，添加文本域，效果如图7-63所示。

图7-62

07

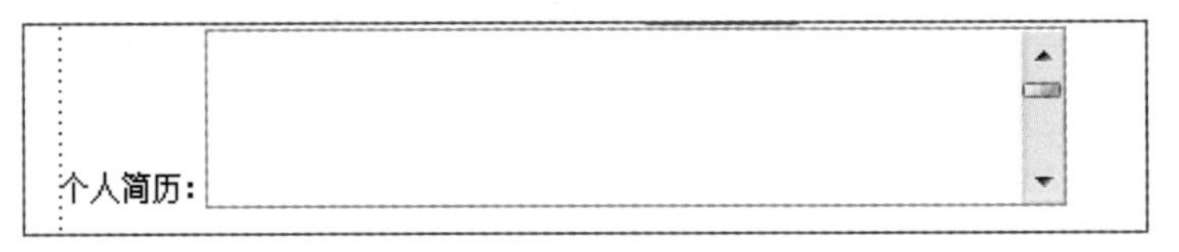

图7-63

STEP 21 选中该文本域，在“属性”面板中，设置“字符宽度”为“60”，“行数”为“6”，“类型”为“多行”，如图7-64所示，修改后的文本域如图7-65所示。

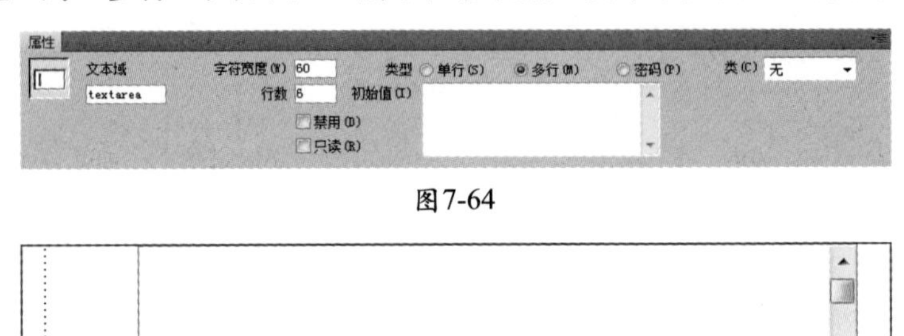

图7-64

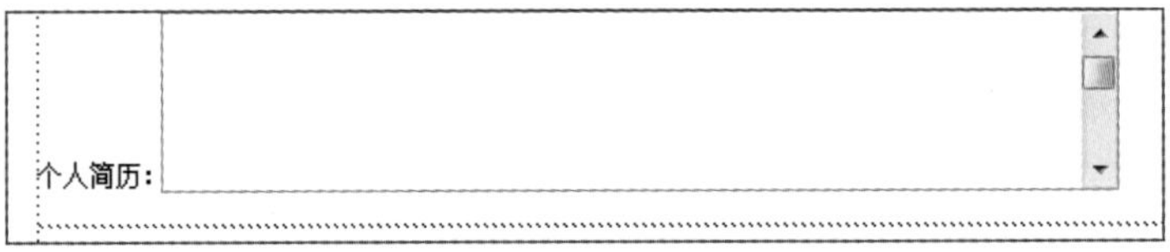

图7-65

STEP 22 将光标插入点定位到第2行单元格中，在“表单”插入栏中单击“按钮”按钮，如图7-66所示，为表单添加按钮，效果如图7-67所示。

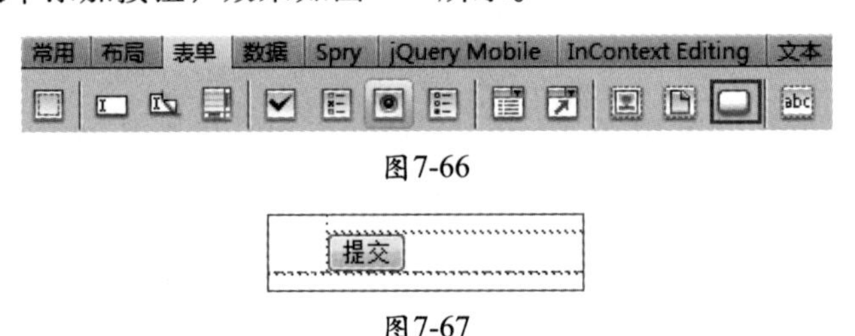

图7-66

图7-67

STEP 23 选中该按钮，在“属性”面板中的“值”文本框中输入“提交”，设置动作为“提交表单”，如图7-68所示。

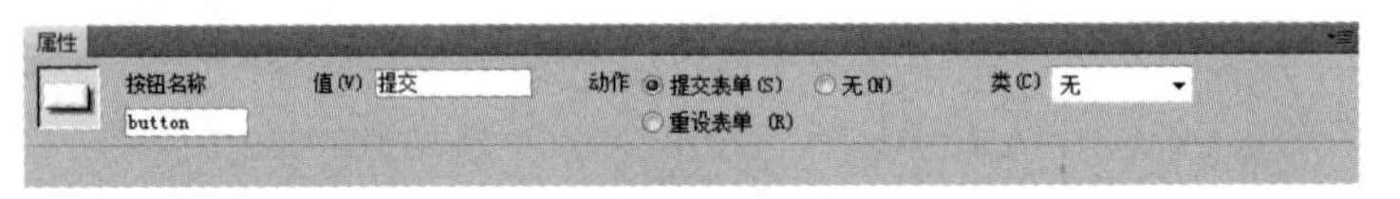

图7-68

STEP 24 将光标插入点定位到添加的按钮后面，在“表单”插入栏中单击“按钮”按钮，在“属性”面板中的“值”文本框中输入“重置”，设置“动作”为“重设表单”，然后将光标插入点定位到添加的按钮后面，在“属性”面板中，设置“水平”为“居中对齐”，如图7-69和图7-70所示。

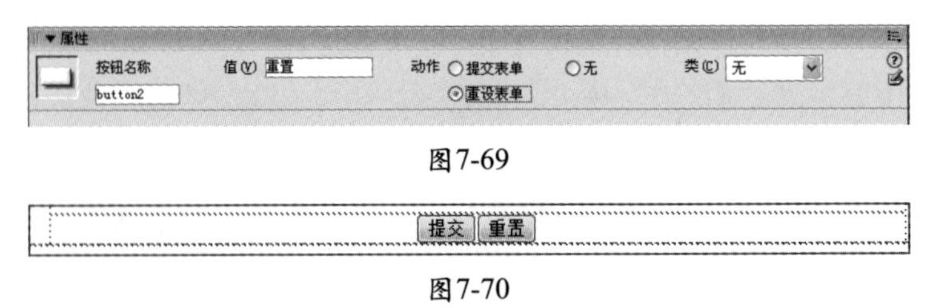

图7-69

图7-70

STEP 25 将光标插入点定位到表格外，执行“插入”栏中“常用”→“表格”命令，弹出“表格”对话框，设置表格大小属性，设置“行数”为“1”，“列数”为“1”，“表格宽度”为“600”像素，单击“确定”按钮，选中表格，在“属性”面板中，设置“填充”为“5”，“间距”为“1”，“边框”为“1”，“背景颜色”为“#FFFFFF”，“边框颜色”为“#CCCCCC”，效果如图7-71所示。

图7-71

STEP 26 将光标插入点定位到新插入的表格中，输入文本“合作招聘网站：”，在“表单”插入栏中单击“跳转菜单”按钮，如图7-72所示，弹出“插入跳转菜单”对话框，如图7-73所示。

图7-72

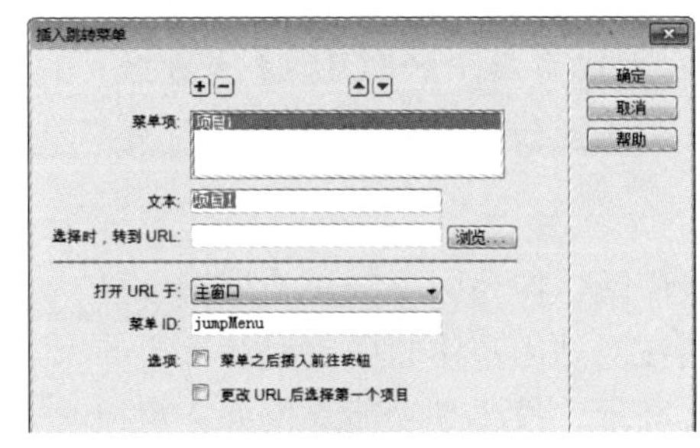

图7-73

STEP 27 在该对话框中单击+按钮添加跳转菜单项，并输入项目名称，单击“选择时，转到URL”文本框右侧的“浏览”按钮，弹出“选择文件”对话框，选择链接的目标，或者直接输入网址，如图7-74所示。

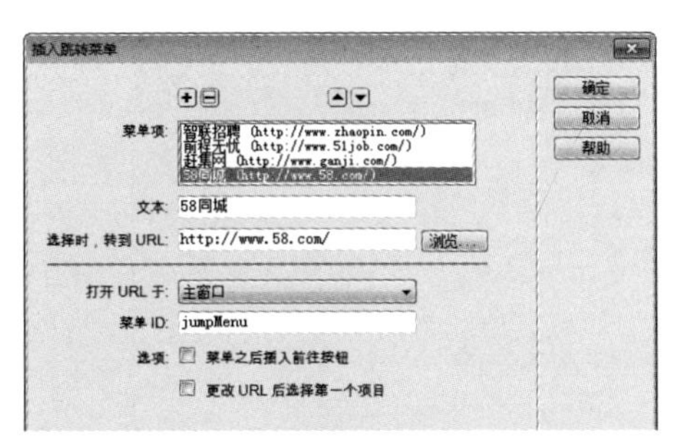

图7-74

STEP 28 设置完成后，单击“确定”按钮，查看效果，如图7-75所示。

STEP 29 执行“文件”→“保存”命令保存网页，按F12键浏览网页。

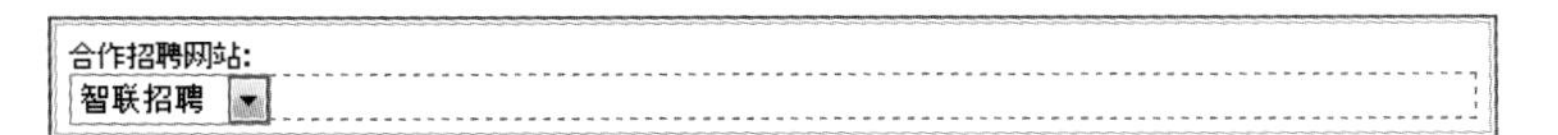

图7-75

07

Dw 知识点拓展

知识点1　表单基础知识

1. 表单概念

表单在网页中主要负责数据采集功能。一个表单有三个基本组成部分：

- 表单标签：这里面包含了处理表单数据所用CGI程序的URL以及数据提交到服务器的方法。
- 表单域：包含了文本框、密码框、隐藏域、多行文本框、复选框、单选框、下拉选择框和文件上传框等。
- 表单按钮：包括提交按钮、复位按钮和一般按钮。用于将数据传送到服务器上的CGI脚本或者取消输入，还可以用表单按钮来控制其他定义了处理脚本的处理工作。

表单在网站上的运用很广泛，作为网页与用户接触最直接、最频繁的页面元素，其在网站用户体验中占有最重要的位置。常常用于用户注册、登录、投票等功能，例如，申请QQ时填写的个人信息的页面、网上商城的登录等都是表单。表单通常由单选按钮、复选框、文本框以及按钮等多个表单对象组成，用来收集用户的信息和反馈意见，是网站管理者与浏览者之间沟通的桥梁，如图7-76所示。

提 示

表单是用户与服务器进行交流的重要工具之一，当用户将信息输入表单并提交时，这些信息就会被发送到服务器，服务器端的应用程序或脚本对这些信息进行处理，再通过请求信息发送回用户，或基于该表单内容执行一些操作来进行响应。用来处理信息的脚本或程序一般有ASP、JSP、PHP等。如果不使用这些程序或者脚本，表单通常无法实现数据的收集。

图7-76

2. 表单交互过程

表单的交互过程如下。

STEP 01 浏览者在客户端浏览器中填写完表单后，单击“提交”按钮将所填写的信息发送到服务器端。

STEP 02 表单结果传送到站点服务器的表单处理程序。

STEP 03 表单处理程序将填写的表单结果追加到相关数据库中，或者根据获得的数据生成结果通知页面。

STEP 04 服务器将结果通知页面返回到客户端浏览器中。

知识点2 插入栏中的表单选项

选择插入栏的“表单”选项，如图7-77所示，也可以执行“插入”→“表单”命令，在其级联菜单中选择适当的表单选项进行插入，“表单”级联菜单各项说明，如表7-1所示。

常用 布局 表单 数据 Spry InContext Editing 文本 收藏夹

图7-77

表7-1 表单选项说明

选项	说明
表单	表单是一个包含表单元素的区域。表单使用表单标签（<form>）定义
文本字段	插入在表单中的文本框
隐藏域	在文档中插入的文本域，使用户的数据能够隐藏在那里
文本区域	以多行形式输入文本
复选框	是在表单域里插入的复选框，表示在表单中允许用户从一组选项中选择多个选项
单选按钮	是在表单里插入的单选按钮，表示在一组选项中一次只能选择一个选项
单选按钮组	是在表单里一次可以插入的多个按钮，表示在一组选项中一次只能选择一个选项
列表/菜单	在表单中插入列表或菜单。列表可以以列表的方式显示一组选项，根据设置的不同可以在其中选择一项或多项。列表的一种特例是下拉列表。平常只显示一行，单击右方的下拉按钮可以展开列表，允许进行单项选择
跳转菜单	在文档的表单中插入一个导航栏或者弹出式菜单，也可以为链接文档插入一个表单
图像域	在表单中插入图像
文件域	在表单中插入一个空白文本域或“浏览”按钮。文件域允许用户在硬盘上浏览文件和更新表单中的数据文件
按钮	在表单中插入一个文本按钮，即“提交”按钮或是“复位”按钮。单击按钮可以执行某一个脚本或程序
标签	文档中给表单加上标签，以<label>…</label>形式开头和结尾
字段集	在文本中设置文本标签

知识点3 表单属性

在网页中要添加表单对象，如文本域、按钮等，首先必须创建表单。表单在浏览网页中是属于不可见的元素，创建表单后，用红色的虚轮廓指示表单，选中表单后，在“属性”面板中可以设置表单的各项属性，如图7-78和表7-2所示。

图7-78

表7-2 表单“属性”面板的说明

选项	说明
表单名称	可以在下面的文本框中输入表单名称，便于程序控制
动作	在文本框中指定处理该表单的动态页或脚本的路径。可以在文本框中输入完整路径，也可以单击后面的“浏览文件”图标定位到包含该脚本或应用程序页的适当文件夹
目标	“目标”下拉列表指定一个窗口，在该窗口中显示调用程序所返回的数据。如果命名的窗口尚未打开，则打开一个具有该名称的新窗口。目标值如下。 _blank：在未命名的新窗口中打开目标文档； _parent：在显示当前文档窗口的父窗口中打开目标文档； _self：在提交表单所使用的窗口中打开目标文档； _top：在当前窗口的窗体内打开目标文档。此值可用于确保目标文档占用整个窗口，即使原始文档显示在框架中
方法	在该下拉列表中，选择需要设置表单数据发送的方法，其“方法”如下。 POST：表示将表单数据发送到服务器时，以POST方式请求； GET：表示将表单数据发送到服务器时，以GET方式请求； 默认：使用浏览器的默认设置将表单数据发送到服务器。通常，默认方法为GET方法
MIME类型	指定提交给服务器进行处理的数据所使用的编码类型。默认为application/x-www-form-urlencoded，通常与POST方法协同使用。如果要创建文件上传表单，应选择multipart/form-data类型

知识点4 表单提交中POST和GET方式的区别

POST和GET方式的区别如下。

- GET是从服务器上获取数据，而POST是向服务器传送数据。
- GET是把参数数据队列加到提交表单的ACTION属性所指的URL中，值和表单内各个字段一一对应，在URL中可以看到。POST是通过HTTP POST机制，将表单内各个字段与其内容放置在HTML

HEADER内一起传送到ACTION属性所指的URL地址。用户看不到这个过程。

- 对于GET方式，服务器端用REQUEST.QUERYString获取变量的值，对于POST方式，服务器端用REQUEST. FORM获取提交的数据。
- GET传送的数据量较小，不能大于2KB。POST传送的数据量较大，一般被默认为不受限制。理论上，IIS4中最大量为80KB，IIS5中为100KB。
- GET限制FORM表单的数据集的值必须为ASCII字符；而POST支持整个ISO 10646字符集。
- GET安全性非常低，POST安全性较高。
- GET是Form的默认方法。

提 示

在发送密码、信用卡号及其他的重要信息时，最好采用POST方法发送，因为如果以GET方法发送表单数据，表单会将数据附加到请求URL中发送，安全性很差。

知识点5 认识表单对象

表单对象有很多，主要包括文本字段、文本区域、隐藏域、单选按钮、复选框、按钮、列表/菜单、文本域和图像域等，它们各有不同作用。

- 文本字段：文本字段是最常见的表单对象之一，可以是单行或多行，也可以是密码域。其中密码是用“*”显示，不可见。文本字段可接受任何类型文本内容的输入，如图7-79所示。

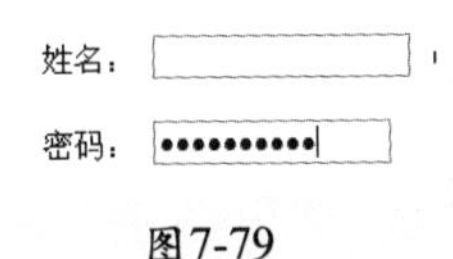

图7-79

- 隐藏域：隐藏域可以存储访问者输入的信息内容，并向服务器提供这些数据，便于通过后台处理程序，以实现在该访问者下次访问此站点显示这些数据的目的。例如，浏览者在登录时输入了用户名，隐藏域就会将其记录下来，在访问者打开该网站其他页面时就会显示一段包含访问者姓名的欢迎信息。
- 复选框：复选框允许在一组选项中选择一个或多个选项，具有多选性，如图7-80所示。

参赛项目： ☐ 军棋 ☐ 象棋 ☐ 跳棋 ☐ 围棋

图7-80

- 单选按钮：单选按钮具有唯一性，在同组选项中只能选择一个选项，如图7-81所示。如果选中了一个选项再选另一个选项，则先选中的选项会被取消。

职业： ○ 学生 ○ 公司职员 ○ 公务员

图7-81

- 单选按钮组：如果需要添加的单选按钮较多，可以使用单选按钮组在网页中一次添加多个单选按钮。
- 列表/菜单：在列表中允许访问者选择多个选项，而在菜单中只允许访问者从中选择一项，浏览者可通过列表和菜单提供的选项选择适当的值，图7-82所示为列表，单击列表框中⌃或⌄按钮可滚动显示列表中的选项；图7-83所示为菜单。

音乐类型： 古典音乐 流行音乐

图7-82

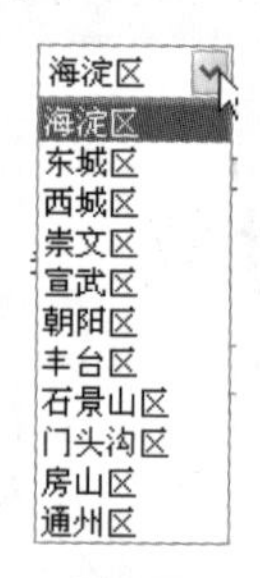

图7-83

- 跳转菜单：跳转菜单外观看起来和菜单一样，不同的是在跳菜单中可以创建Web站点内文档的链接、其他Web站点上文档的链接、电子邮件链接，以及图形链接等。单击跳转菜单中的任意一个选项，可跳转到相应的网页。
- 图像域：使用图像域可以用Fireworks等图像处理软件制作一些较漂亮的按钮图像来代替Dreamweaver默认的按钮。
- 文件域：文件域可以使访问者浏览到本地计算机上的某个文件，并将该文件作为表单数据上传，如图7-84所示。

个人照片： [ ] 浏览...

图7-84

- 按钮：按钮可用作提交或重置表单等，只有在被单击时才能执行操作。可以为按钮添加自定义的名称或标签，或使用预定义的"提交"、"重置"标签，如图7-85所示。

提交 重置

图7-85

提 示

使用单选按钮组插入多个单选按钮，不仅可以省去逐个插入的麻烦，而且还省去了逐个定义属性的繁琐操作，因为在定义完成后，系统会自动为每个按钮添加统一的名称和不同的选定值。

07

Dw 独立实践任务

任务3　制作“会员注册”网页

任务背景

由于登录的人数众多，考虑到网站的内部资料的安全性及知识产权保护，某公司的“阳步楼梯网站”决定增加“网上注册”功能，本网站的有些功能板块只有注册会员才能登录观看内部资料。

任务要求

“会员注册”网页的设计要符合基本信息，注册信息包括姓名、性别、籍贯、手机号、邮箱等。

【技术要领】 制作出生年月日的表单对象
【解决问题】 下拉菜单的使用
【应用领域】 个人网站，企业网站
【素材来源】 “光盘:\素材文件\独立实践任务”目录下

任务分析

主要制作步骤

Dw 职业技能考核

一、选择题

1. 下列（ ）不是按钮的类型值。

A. password B. none C. reset D. submit form

2. 输入时显示星号的是（ ）类型的文本框。

A. multiline B. password C. single line D. value

3. HTML中表单的标记是（ ）。

A. <form>…</form>

B. <input type="text" name="textfield"…

C. < input type ="checkbox" name ="checkbox2" value＝"checkbox">

D. < input name="botton" type="submit" id="botton" value＝"提交">

4. 下列关于表单的叙述，正确的是（ ）。

A. 表单有两个重要组成部分：一是描述表单的HTML源代码；二是用于处理用户在表单域中输入信息的服务器端应用程序脚本，如ASP、CGI等

B. 使用Dreamweaver可以创建表单，可以给表单中添加表单对象，但不能通过使用“行为”来验证用户输入的信息的正确性

C. 当访问者将信息输入表单并单击“提交”按钮时，这些信息将被发送到服务器，但服务器端脚本或应用程序不能对这些信息进行直接处理

D. 表单通常用来做调查表、订单，也可以用来做搜索界面

5. 下面（ ）不是标准表单按钮的通常标记。

A. 提交 B. 重复 C. 发送 D. 清除

6. 表单对象中供用户输入文本的区域是（ ）。

A. 单行文本框 B. 多行文本框

C. 隐藏域 D. 密码域

二、填空题

1. 表单有两个重要组成部分：一个是__________；另一个是__________。

2. 创建一个文本框，“字符宽度”为默认设置，文本域的长度设置为___________个字符。

3. 超链接由__________和__________两部分组成。

4. 在网页中，每个网页文件都有一个唯一的地址，称为__________。

5. __________是最简单的路径，一般多用于链接保存在同一文件夹中的文档。

6. 在文档窗口中可以检查超链接是否正确，但是通过单击超链接并不能打开目标网页，超链接的测试必须在__________中进行。

模块08 网页中CSS样式的应用

级联样式表（Cascading Style Sheet）简称CSS，用来进行网页风格设计，在网页中具有广泛的应用，网页中的各种网页效果都离不开样式表。级联样式表可以使开发者更有效地控制网页外观。使用级联样式表，可以精确指定网页元素位置、外观以及创建特殊效果的能力。通过Dreamweaver CS6的样式表编辑功能，可以轻松定义各种样式表。

能力目标：

1. 能够创建CSS样式表
2. 能够对网页文档进行基本的CSS样式设置

知识目标：

1. 掌握CSS语法规则
2. 了解CSS特性
3. 了解CSS类型
4. 掌握CSS创建方法

课时安排：8课时（讲课6课时，实践2课时）

Dw 模拟制作任务

【本模拟制作任务素材来源】 “光盘:\素材文件\模块08”目录下
【本模拟制作任务操作视频】 “光盘:\操作视频\模块08”目录下

任务1 设置文本样式

任务背景

“某家装设计公司”网站中的“新闻资讯”页面已经基本制作完成，但是网页文本还未进行CSS样式设置，现需要为该网页设置CSS样式。通过设置文本样式，来控制网页中的文字字体、字号、颜色等参数，效果如图8-1所示。

任务要求

通过设置文字的CSS样式，使页面达到美观大方、方便阅读的效果。

图8-1

任务分析

文字是网页最重要的组成部分，如果需要对网页的所有文字都通过“属性”面板来设置格式，效率很低。而通过CSS来设置文字样式，可以大大提高效率。

重点、难点

重点掌握CSS创建文字样式的方法。

【技术要领】 新建CSS样式，类选择器，标签选择器，高级选择器，CSS样式应用

【解决问题】 设置文本CSS样式

【应用领域】 CSS网页制作

任务详解

1. 打开网页

STEP 01 在Dreamweaver CS6中打开素材网页news.html，此时还没有为该网页设置CSS样式，如图8-2所示。

图8-2

2. 创建CSS样式

STEP 02 该网页中的文本主要有标题文本、段落文本和超链接文本3种。首先对段落文本创建一个样式，执行“格式”→“CSS样式”→“新建”命令，打开“新建CSS规则”对话框。在“选择器类型”下拉菜单中，选择“类（可应用于任何HTML元素）”选项，在“选择器名称”框中将类命名为lianxi，如图8-3所示。

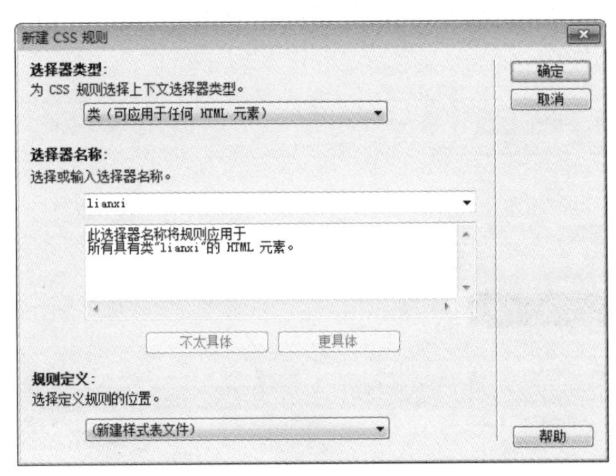

图8-3

STEP 03 单击“确定”按钮后，在本地保存CSS文档，如temStyle.css。保存后，自动打开

“.lianxi的CSS规则定义”对话框。设置“Font-size”为“12 px”、“Line-height”为“30 px”，“Color”为“#844a01”，如图8-4所示。

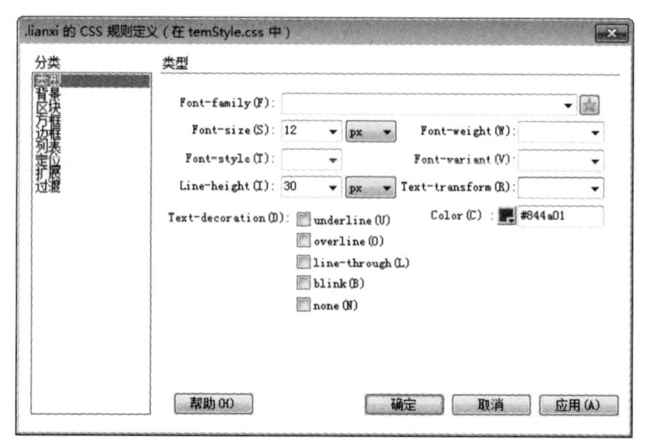

图8-4

STEP04 在“分类”列表框中选择“区块”选项，设置“Text-indent”为“10 pixels”，单击“确定”按钮，如图8-5所示。

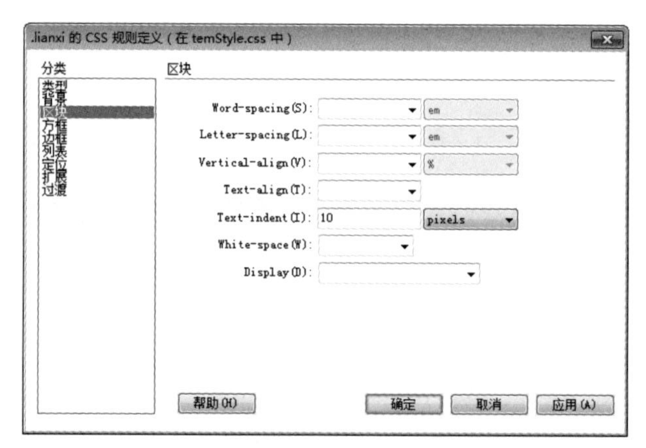

图8-5

STEP05 分别选中各段落文本，将其样式都设置成“lianxi”样式，如图8-6所示。这样段落文本的CSS样式就设置完成了。

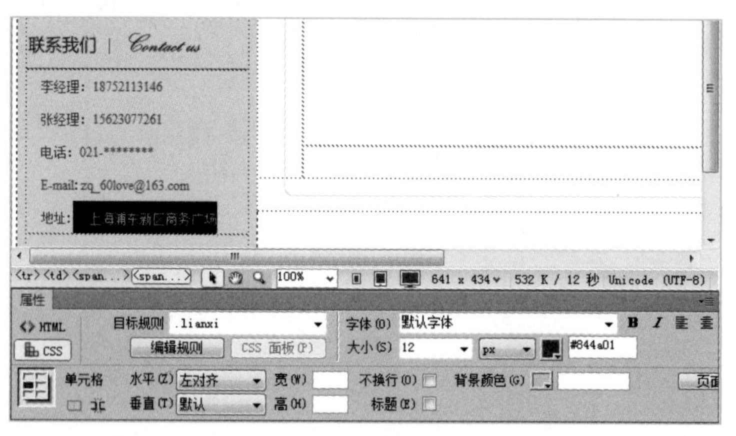

图8-6

08

STEP 06 标题文本均在span标签下，并且都是超链接，所以可以创建高级样式span a:link、span a:visited和span a:hover来设置标题文本的不同链接状态。首先设置标题文本字体的CSS样式。执行“格式”→“CSS样式”→“新建”命令，打开“新建CSS规则”对话框。如图8-7所示，在“选择器类型”下拉菜单中选中“复合内容（基于选择的内容）”选项，在“选择器名称”下拉列表框中选择a:link选项，然后在其前面输入“span”，单击“确定”按钮打开“span a:link的CSS规则定义”对话框。

图8-7

STEP 07 设置“Font-size”为“12 px”，“Color”为“#636363”，“Text-decoration”为“none”，如图8-8所示。

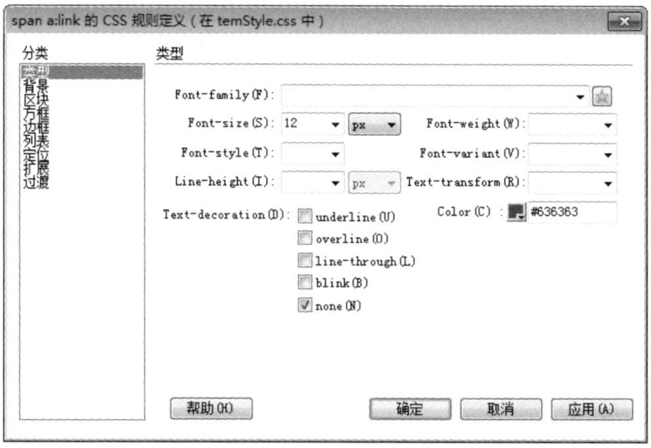

图8-8

STEP 08 设置当鼠标指针移动到标题文本上时的CSS样式。执行“格式”→“CSS样式”→“新建”命令，打开“新建CSS规则”对话框。在“选择器类型”下拉菜单中选中“复合内容（基于选择的内容）”选项，在“选择器名称”下拉列表框中选择a:hover选项，然后在其前面输入“span”，单击“确定”按钮打开“span a:hover的CSS规则定义”对话框，设置“Font-size”为“12 px”，“Color”为“#f90”，“Text-decoration”为“underline”，如图8-9所示。

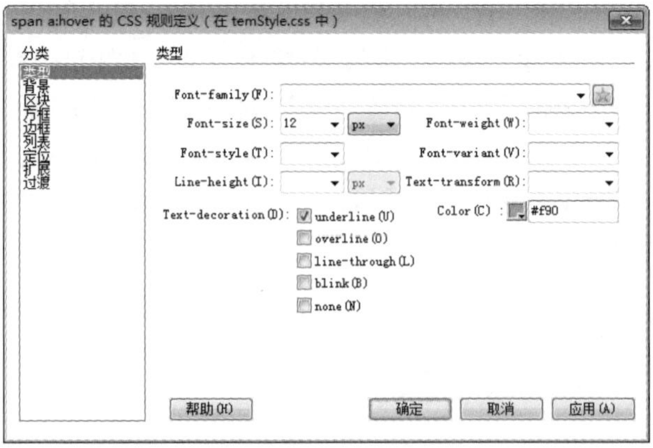

图8-9

STEP 09 设置访问标题文本后的CSS样式。在“CSS样式”面板右下角单击 “新建CSS样式”按钮，打开“新建CSS规则”对话框。如图8-10所示，在“选择器类型”下拉菜单中选中“复合内容（基于选择的内容）”选项，在“选择器名称”下拉列表框中选择a:visited选项，然后在其前面输入“span”，单击“确定”按钮打开“span a:visited的CSS规则定义”对话框。

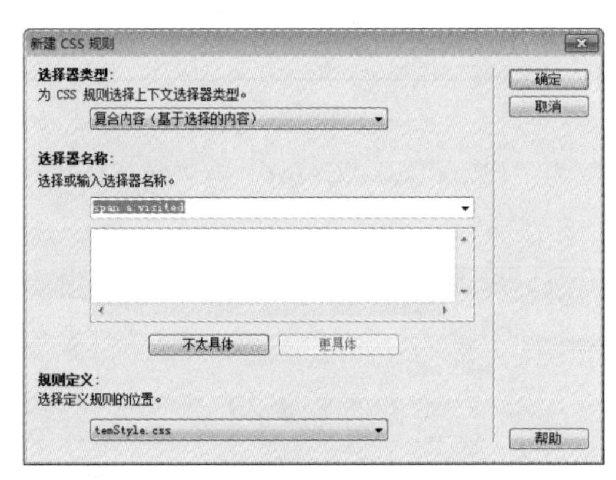

图8-10

STEP 10 设置“Font-size”为“12 px”，“Color”为“#636363”，“Text-decoration”为“none”，如图8-11所示。

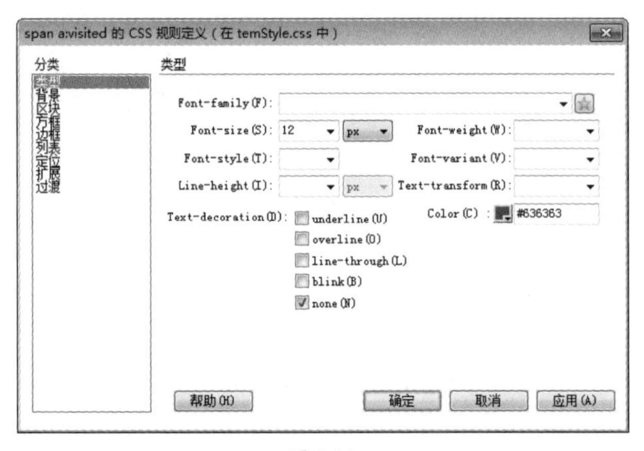

图8-11

STEP 11 用同样的方法对超链接文本设置CSS样式，主要包括网站导航文字和文字“详细”。导航栏文字可以直接设置 #divNav a:link、#divNav a:hover和#divNav a样式，“栏目导航”文字可以设置.tdStyle a:link、.tdStyle a:hover和.tdStyle a样式，如图8-12所示。

图8-12

STEP 12 按Ctrl+S组合键保存，按F12键预览最终效果。

任务2 设置背景样式

任务背景

现有某家装设计网站主页已经基本设计制作完成，但网页背景图片和背景颜色还没有设置。现在需要给该网页添加背景颜色和背景图片，效果如图8-13所示。

图8-13

任务要求

为家装设计网站主页设置背景颜色和图片，要求设计美观、大方。

任务分析

默认的网页背景颜色是白色，可以为网页设置黑色、浅蓝色或者粉色等背景颜色；也可以为网页设置背景图片，背景图片可以是单独一张，不平铺，也可以是沿X轴或Y轴平铺。背景颜色和背景图片也可以同时使用。

重点、难点

本任务难点是背景颜色和背景图片的同时使用，重点是掌握背景颜色和背景图片的创建方法。

【技术要领】 创建标签样式，background-color和background-image的属性设置
【解决问题】 网页背景颜色或背景图片设置
【应用领域】 CSS网页制作

任务详解

1. 打开网页

STEP 01 在Dreamweaver中打开素材网页index.html，此时还没有为该网页设置CSS样式，如图8-14所示。

图8-14

2. 创建CSS样式

STEP 02 设置网页背景可以是背景颜色，也可以是背景图片，或者两者同时设置。设置背景可以对body、p、div标签或者表格、单元格等多种网页元素进行设置。在“CSS样式”面板中（可以通过执行“窗口”→“CSS样式”命令打开“CSS样式”面板），选择“#divBody”标签样式，设置“background-color”属性值为“#FFF”，如图8-15所示。

STEP 03 在“CSS样式”面板中，选择“body”标签样式，如图8-16所示。body 元素定义文档的主体，包含了文档内所有内容。

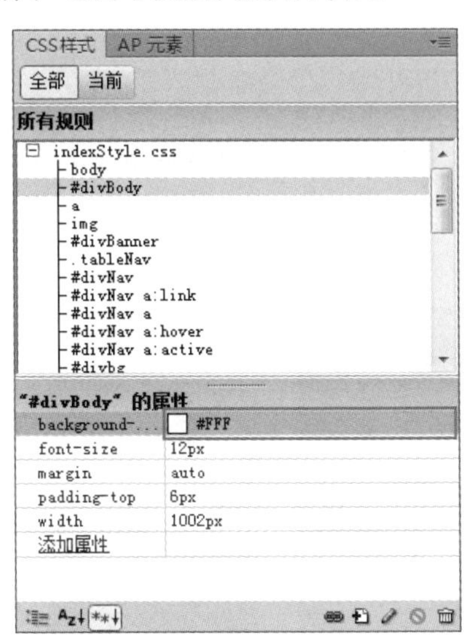

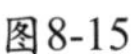

图8-15

图8-16

STEP 04 单击“添加属性”超链接，在其下拉列表中选择“background-image”属性。单击“浏览文件”按钮，如图8-17所示，在弹出的“选择图像源文件”对话框中选择背景图片images/bg.gif。

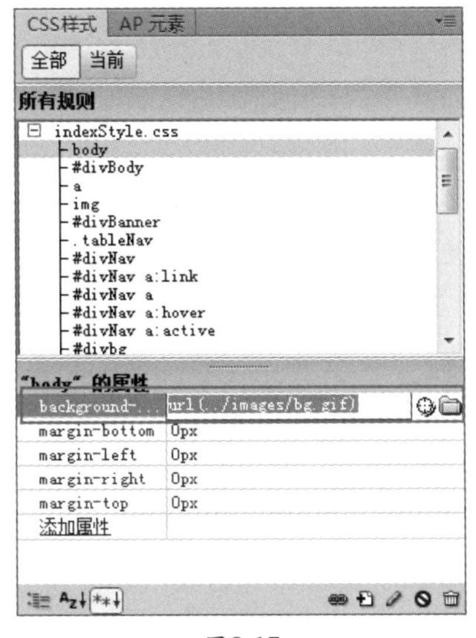

图8-17

STEP 05 按Ctrl+S组合键保存，按F12键浏览最终效果。

08

任务3 设置边框样式

任务背景

某家装设计公司网站中现有网页anli.html，如图8-18所示，为了增强图片显示效果，希望给每张图片添加一个边框。

图8-18

任务要求

对anli.html网页图片进行边框设置，增强图片显示效果。

任务分析

边框样式可以作用于选中的文本或图片，对应CSS中的border。为图片添加边框，再配合阴影效果等，可以让图片具有更好的显示效果。

重点、难点

本任务比较简单，重点是掌握创建边框的方法。

【技术要领】 创建类样式，边框、方框属性的设置
【解决问题】 为网页中的图片添加边框样式
【应用领域】 CSS网页制作

任务详解

1. 打开网页

STEP 01 打开anli-body.html网页，执行“格式”→“CSS样式”→“新建”命令，弹出“新建CSS规则”对话框。在“选择器类型”下拉菜单中，选择“类（可应用于任何HTML元素）”选项，在“选择器名称”框中将类命名为“img-border”，在“规则定义”下拉菜单中选中“（仅限该文档）”选项，如图8-19所示。

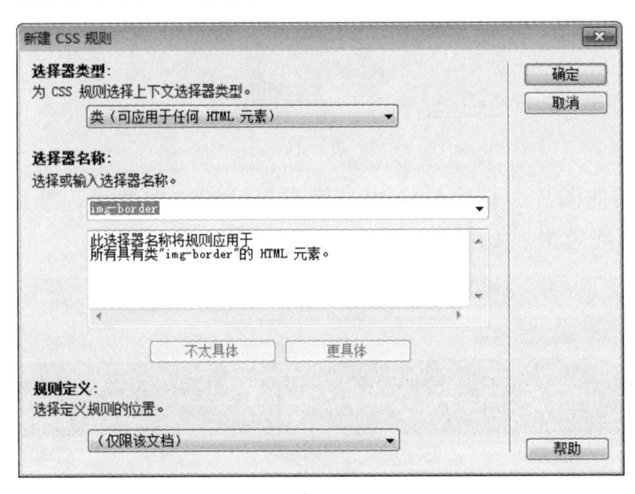

图8-19

2. 创建类样式

STEP 02 单击“确定”按钮，弹出“.img-border的CSS规则定义”对话框，在左边的“分类”列表中选择“边框”选项。

STEP 03 设置边框样式，勾选三个“全部相同”复选框，设置“Style”为“ridge”，“Width”为“thin”，“Color”为“#1FA9DD”，如图8-20所示。

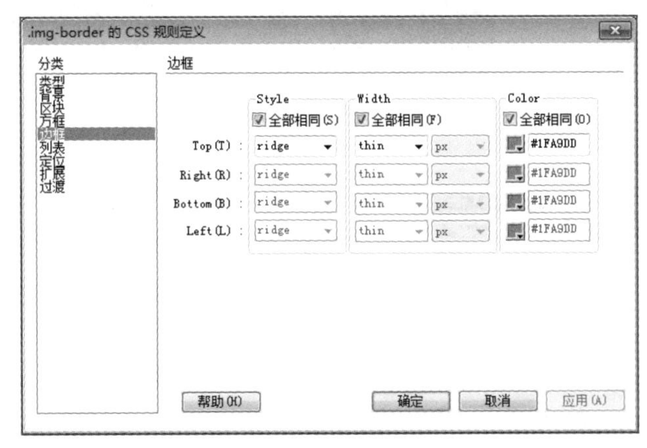

图8-20

STEP 04 单击“确定”按钮，完成边框的创建。选择需要应用边框样式的部分，如第1张图片，然后在其“属性”面板的“类”列表中选择“应用多个类”选项，然后在打开的“多类选区”对话框中输入类的名称“img-border”，如图8-21所示。

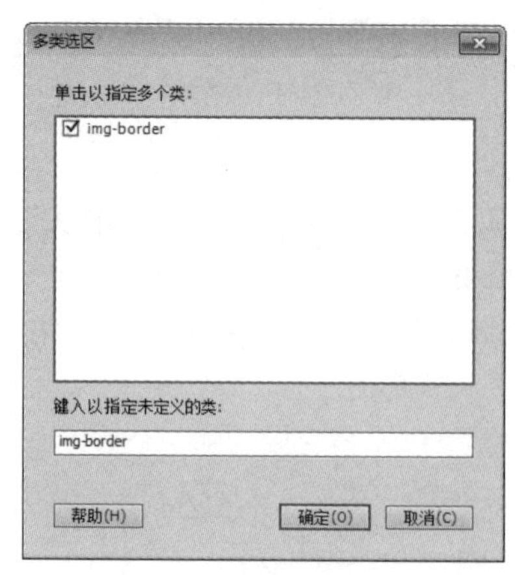

图8-21

STEP 05 依次选择其他图片，按Ctrl+Y组合键重复设置边框效果，然后按Ctrl+S组合键保存，按F12键浏览最终效果，如图8-22所示。

图8-22

任务4　设置方框样式

任务背景

某家装设计公司网站中现有网页anli.html，在任务3中已经给图片添加了边框，但是边框紧贴图片，效果不够理想，希望边框能够与图片保持一定的距离，使效果如图8-23所示。

任务要求

对网页anli.html的图片边框设置继续完善，为其设置方框效果。

图8-23

任务分析

方框样式中最重要的是设置边距和填充属性，边距和填充对应CSS中的margin和padding。

重点、难点

本任务比较简单，重点是掌握创建方框的方法。

【技术要领】 创建类样式，边框、方框属性的设置
【解决问题】 为网页中的图片添加方框样式
【应用领域】 CSS网页制作

任务详解

STEP 01 打开anli-body.html网页，执行“窗口”→“CSS样式”命令，打开“CSS样式”面板，可以看到在任务3中创建的“.img-border”样式，如图8-24所示，双击“img-border”选项，打开“.img-border的CSS规则定义”对话框，在“分类”列表框中选择“方框”选项，进行如图8-25所示的设置。

STEP 02 设置填充上下“3”像素，左右“6”像素，如图8-25所示，单击“确定”按钮，完成设置。

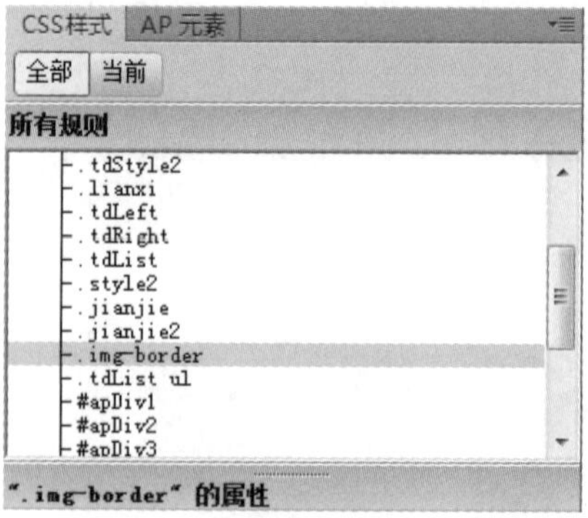

图8-24

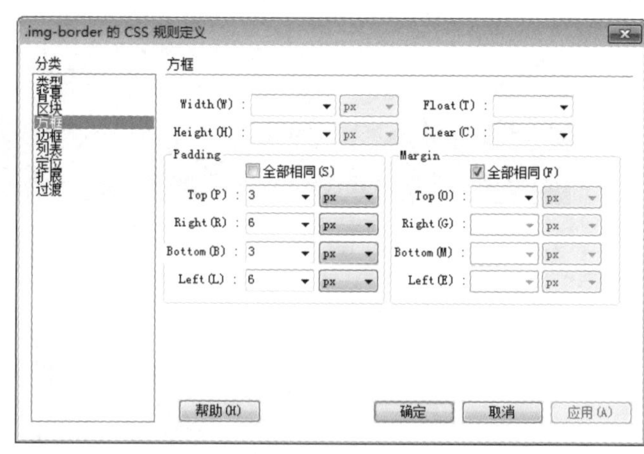

图8-25

STEP 03 按Ctrl+S组合键保存，按F12键浏览最终效果。

任务5 设置列表样式

任务背景

某家装设计公司网站中现有网页anli.html，在本模块任务3和任务4中，已经给图片添加了边框，但是下方的文字未添加列表样式，效果不够理想，希望给该文字添加列表样式，效果如图8-26所示。

图8-26

任务要求

对网页anli.html继续完善，为其设置列表样式效果。

任务分析

列表样式既可以是数字样式，也可以是图形符号样式，对应于CSS样式中的list-style标记。列表样式的设置，可使文本显示更加有序。

重点、难点

本任务通过Dreamweaver CS6可以轻松完成，重点是掌握列表样式的创建方法。

【技术要领】 创建类样式，列表样式属性的设置
【解决问题】 为网页中的文字添加列表样式
【应用领域】 CSS网页制作

任务详解

1. 打开网页和CSS样式窗口

STEP 01 打开anli-body.html网页，再打开“CSS样式”面板，可以看到“.tdList ul”样式，如图8-27所示，双击“.tdList ul”选项，打开“.tdList ul的CSS规则定义” 对话框，在“分类”列表框中选择“列表”选项，如图8-28所示。

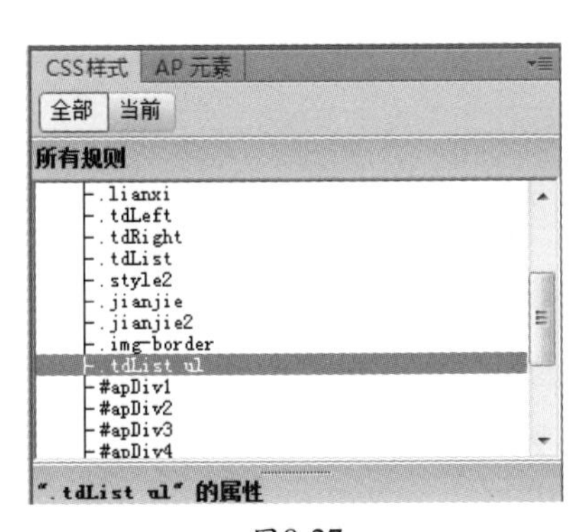

图8-27

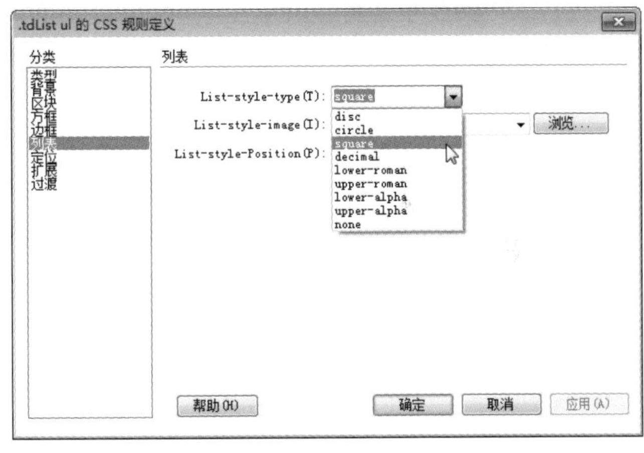

图8-28

2. 设置列表样式

STEP 02 在“列表”设置框中，设置“List-style-type”为“square”，“List-style-position”为“outside”。其中在“List-style-type”下拉列表框中可以选择不同的列表符号，如disc、circle、square、decimal等。在“List-style-image”列表框中可将项目符号图像设置成指定的图像。“List-style-position”下拉列表框中的inside选项表示项目符号在文本以内，outside选项表示项目符号在文本以外。

STEP 03 按Ctrl+S组合键保存，按F12键浏览最终效果。

Dw 知识点拓展

知识点1　CSS样式

简单地说，CSS样式就是定义网页格式的代码。

1. CSS语法规则

（1）CSS语法构成。

CSS 语法由三部分构成：选择器、属性和值。样式规则组成格式如下：

```
selector{property:value}
```

选择器（selector）通常是用户希望定义的 HTML 元素或标签，属性（property）是用户希望改变的属性，并且每个属性都有一个值，属性和值用冒号隔开，并用花括号括住，这样就组成了一个完整的样式声明（declaration）。例如：

```
body {color: blue}
```

该行代码的作用是将 body 元素内的文字颜色定义为蓝色。其中，body 是选择器，而括在花括号内的部分是声明。声明依次由属性和值两部分构成，color 为属性，blue 为值。

（2）引号用法。

如果值为若干单词，则要给值加引号。例如：

```
p {font-family: "sans serif"；}
```

（3）多重声明。

如果要定义的声明不止一个，则需要用分号将每个声明分开。下面的例子展示出如何定义一个红色文字的居中段落。最后一条规则是不需要加分号的，因为分号在英语中是一个分隔符号，不是结束符号。然而，大多数有经验的设计师会在每条声明的末尾都加上分号，其好处是，当用户从现有的规则中增减声明时，会尽可能地减少出错的可能性。例如：

```
p {text-align:center；color:red；}
```

通常在每行只描述一个属性，这样可以增强样式定义的可读性，例如：

```
p {
 text-align: center；
 color: black；
 font-family: arial；
```

提 示

CSS也称为层叠样式表，是设置页面元素对象格式的一系列规则，利用这些规则可以实现对网页元素的格式化控制，可以将所有有关于文档的样式指定内容全部脱离出来，已经成为网页设计中不可缺少的技术。

}

（4）选择器的分组。

可以对选择器进行分组。这样，被分组的选择器就可以分享相同的声明。用逗号将需要分组的选择器分开。在下面的例子中，是对所有的标题元素进行了分组，并且所有的标题元素都是绿色的。

```
h1，h2，h2，h3，h5，h6{
  color: green；
}
```

2. CSS的特性

CSS的主要特性是层叠性和继承性。

（1）层叠性。

所谓“层叠性”，简单地说，就是对一个元素设置了属性值，而在后面设置的属性值将覆盖前面的设置。如浏览器自己带有对段落文本定义字体和字体大小的样式表。在IE浏览器中对段落文本默认显示为Times New Roman中等字体。但是，如果创建了自己的样式表，如下代码所示，则该段落文本将以黑体显示，字体大小为“12”像素。

```
P{
font-size:12px；
font-family:黑体；
color:red；
}
```

（2）继承性。

网页上大多数属性都是继承而来的。例如，段落标签从body标签中继承了某些属性，项目列表标签从段落标签中继承了某些属性，等等。一般来说，外层标签的属性将被内层标签继承。

CSS的特点：

- 将文档结构与格式分离。
- 减少图形文件的使用。
- 使得网页文件更小。
- 将样式分类使用。
- 解决了浏览器的兼容性问题。

3. CSS的类型

CSS有类样式、标签样式和高级样式3种类型。

（1）类样式。

类样式也称为自定义样式，可以将样式属性设置在任何文本范围或文本块中，其特点是，定义样式后必须在需要用样式的地方应用它，否则就不起任何作用。所有类样式均以句号（.）开头，例如：

```
.red{color:red}
```

用于为网页中class="red"的文本设置颜色。

（2）标签样式。

标签样式用来重新定义特定标签（如p）的格式，例如，原来页面的背景颜色默认是白色的，可以通过这种样式使页面背景的默认色变为红色。创建或更改一个标签的CSS样式时，所有用该标签设置了格式的文本都将被更新。例如：

```
P{font-family:Arial；}
```

（3）高级样式。

高级样式使用组合标签定义样式表，使用ID作为属性，该样式用得最多的是关于链接的定义。例如以下代码，正常链接状态时字体为黑色，访问后字体为红色，当光标移动到链接上面时字体为蓝色。

```
a:link{color:black}
a:visited{color:red}
a:hover{color:blue}
```

类样式用“.”来引用，ID样式用“#”来引用。例如：

```
#header{…}
…
<div id="header">…</div>
```

4. 添加CSS的方式

添加CSS的方式有4种。

（1）外部样式表。

当样式需要应用于很多页面时，外部样式表将是理想的选择。在使用外部样式表的情况下，可以通过改变一个文件来改变整个站点的外观。每个页面使用 <link> 标签链接到样式表，<link> 标签在文档的头部。例如：

```
<head>
<link rel="stylesheet" type="text/css" href="mystyle.css" />
</head>
```

浏览器会从文件 mystyle.css 中读到样式声明，并根据它来格式文档。外部样式表可以在任何文本编辑器中进行编辑。样式表应该以 .css 扩展名进行保存。下面是一个样式表文件的例子：

```
hr {color: sienna；}
p {margin-left: 20px；}
body {background-image: url（"images/back40.gif"）；}
```

不要在属性值与单位之间留有空格。假如使用"margin-left: 20 px"而不是"margin-left: 20px"，则仅在 IE 6.0浏览器中有效，而在 Mozilla/Firefox 或 Netscape 浏览器中却无法正常工作。

（2）内部样式表。

当单个文档需要特殊的样式时，应使用内部样式表。可

提 示

当来自不同样式中的文本属性应用到同一段文本时，浏览器将显示这段文本所具有的所有属性，如果这两个样式之间有冲突，浏览器将按照与文本关系的远近来决定到底显示哪个属性，也就是说，当Html样式与CSS样式存在矛盾时，浏览器将按照CSS样式定义的属性来显示。

以使用 <style> 标签在文档头部定义内部样式表，例如：

```
<head>
<style type="text/css">
 hr {color: sienna；}
 p {margin-left: 20px；}
 body {background-image: url（"images/back40.gif"）；}
</style>
</head>
```

（3）内联样式。

由于要将表现和内容混杂在一起，内联样式会损失掉样式表的许多优势，因此这种方法要慎用。当样式仅需要在一个元素上应用一次时，应使用内联样式，需要在相关的标签内使用style属性。style 属性可以包含任何 CSS 属性。下面代码展示如何改变段落的颜色和左外边距：

```
<p style="color: sienna；margin-left: 20px">
这是一个段落文本。
</p>
```

（4）多重样式。

如果某些属性在不同的样式表中被同样的选择器定义，那么属性值将从更具体的样式表中被继承过来。例如，外部样式表拥有针对 h3 选择器的3个属性：

```
h3 {
 color: red；
 text-align: left；
 font-size: 8pt；
 }
```

而内部样式表拥有针对 h3 选择器的两个属性：

```
h3 {
 text-align: right；
 font-size: 20pt；
 }
```

假如拥有内部样式表的这个页面同时与外部样式表链接，那么 h3 得到的样式是：

```
color: red；
text-align: right；
font-size: 20pt；
```

即颜色属性将被继承于外部样式表，而文字排列（text-alignment）和字体尺寸（font-size）会被内部样式表中的规则取代。

提 示

四种链接状态的含义如下：

- a:link 文本链接的一般状态。
- a:visited 访问过的链接状态。
- a:hover 鼠标指针移动到链接文本时的状态。
- a:active 正在链接中的状态。

知识点2 创建和编辑CSS

1. 创建CSS的方法

在Dreamweaver CS6中可以通过以下3种方法创建样式表。

- 执行“格式”→“CSS样式”→“新建”命令。
- 在“CSS样式”面板中右击，在弹出的快捷菜单中执行“新建”命令。
- 单击“CSS样式”面板中的“新建CSS规则”按钮。

执行“新建”命令之后，将弹出“新建CSS规则” 对话框，在该对话框中对样式表进行设置。如果在“选择器类型”选项组中选中“类”选项，将创建类样式，可以在“名称”文本框中输入自定义的名称，如图8-29所示。

提 示

定义“边框”样式时，可以取消“全部相同”选项，进行更多的设置，如每个边框可以有不同的线型、粗细以及颜色等。以制作出效果丰富的边框样式。

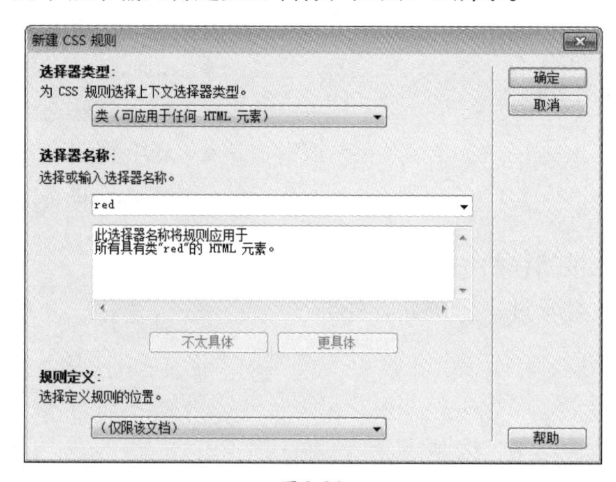

图8-29

如果在“选择器类型”选项组中选中“标签”选项，将创建标签样式，此时在“选择器名称”下拉列表框中可以选择所需要的标签，如图8-30所示。

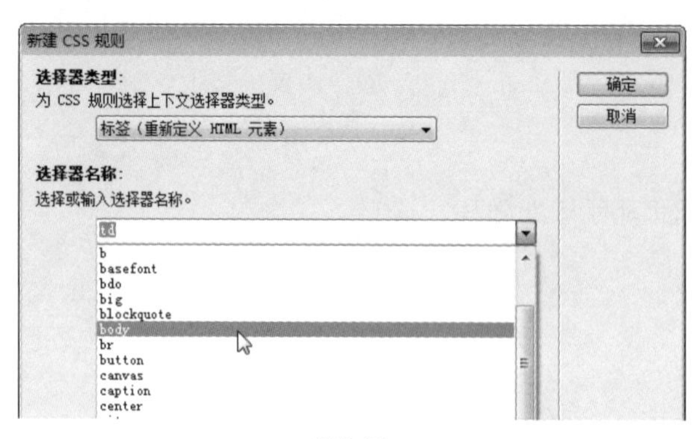

图8-30

如果在“选择器类型”选项组中选中“复合内容”选项，将创建高级样式，此时在“选择器名称”下拉列表框中，可以选择已经定义好的标签，也可以输入“#”来定义ID样式，如图8-31所示。

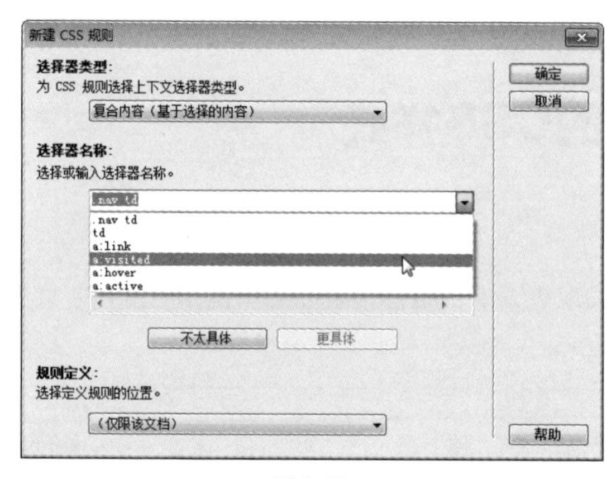

图8-31

2. 使用“CSS样式”面板

可以使用“CSS样式”面板查看、创建、编辑和删除CSS样式，如图8-32所示。一般情况下，“CSS样式”面板在Dreamweaver窗口右侧可以找到，如果没有，可以通过执行“窗口”→“CSS样式”命令打开“CSS样式”面板。面板底部按钮含义如下。

- ：单击该按钮显示类别视图。
- ：单击该按钮显示列表视图。
- ：单击该按钮只显示设置属性视图。
- ：单击该按钮可以链接外部样式表。
- ：单击该按钮可以创建一个新的样式表。
- ：单击该按钮可以对选择的样式表进行编辑修改。
- ：单击该按钮可以删除选择的样式表。

图8-32

Dw 独立实践任务

任务6　设置网站首页的CSS样式

任务背景

某家装设计公司网站基本制作完毕，现需要对该页面设置CSS样式，使设置效果如图8-33所示。

（a）初始效果

（b）完成效果

图8-33

任务要求

创建某家装设计公司网站页面的CSS样式表，主要包括文本样式、图片样式、方框样式、边框样式、列表样式等，美化该页面。

【技术要领】 各种CSS样式的创建，样式的应用
【解决问题】 用CSS格式化网页
【应用领域】 CSS网页制作
【素材来源】 “光盘:\素材文件\模块08”目录下

任务分析

主要制作步骤

Dw 职业技能考核

一、选择题

1. CSS的全称是（　）。

   A. Cascading Sheet Style

   B. Cascading System Sheet

   C. Cascading Style Sheet

   D. Cascading Style System

2. 在Dreamweaver CS6中，下面关于使用列表的说法，错误的是（　）。

   A. 列表是指把具有相似特征或者是具有先后顺序的几行文字进行对齐排列

   B. 列表分为有序列表和无序列表两种

   C. 所谓有序列表，是指有明显的轻重或者先后顺序的项目

   D. 不可以创建嵌套列表

3. 在HTML中，下面为段落标签的是（　）。

   A. <HTML></HTML>

   B. <HEAD></HEAD>

   C. <BODY></BODY>

   D. <P></P>

4. <img src="name" align="left">的意思是（　）。

   A. 图像向左对齐

   B. 图像向右对齐

   C. 图像与底部对齐

   D. 图像与顶部对齐

5. 下面关于应用样式表的说法，错误的是（　）。

   A. 首先要选择要使用样式的内容

   B. 也可以使用标签选择器来选择要使用样式的内容，但是比较麻烦

   C. 选择要使用样式的内容，在“CSS样式”面板中单击要应用的样式名称

   D. 应用样式的内容可以是文本或者段落等页面元素

二、填空题

1. CSS的显示规则主要由__________和__________两部分组成。

2. Dreamweaver CS6提供了两种基本工具来实现层叠样式表，包括“__________”面板和“__________”对话框。

3. __________是用来为HTML文档内大块的内容提供结构和背景的元素。

4. 在网页中添加CSS样式表，可以通过嵌入样式表、__________、输入样式表、__________和__________等方式。

模块 09 层和行为的应用

层是一种页面元素，可以将其定位在页面上的任意位置。层可以包含文本、图像或其他任何可以在文档中插入的内容。可以方便的在网页上创建AP Div，可以对AP Div进行选择和调整大小等操作。本模块主要介绍层和行为的概念，以及利用Dreamweaver CS6中层和各种内置行为的特性制作特效网页。

行为是Dreamweaver CS6中最有特色的功能，使用行为可以使网页具有动感效果，这些动感效果是在客户端实现的。行为的关键在于Dreamweaver CS6中提供了很多的动作，动作是预先编写好的JavaScript程序，每个动作可以完成特定的任务。

能力目标：

1. 添加层
2. 添加行为
3. 创建交换图像网页
4. 创建弹出提示信息网页
5. 创建打开浏览窗口网页
6. 显示—隐藏元素
7. 设置导航栏图像

知识目标：

1. 了解层和行为的概念
2. 理解事件与动作

课时安排： 8课时（讲课4课时，实践4课时）

Dw 模拟制作任务

任务1 制作“成功案例”网页

任务背景

某家装设计网站中的主页和成功案例网页，网页的产品介绍很单一，只有图片与文字，为了让本网站“成功案例”网页更吸引浏览者，在进入每个产品的详细介绍页面之前，制作一个更能吸引浏览者的网页，效果如图9-1所示。

图9-1

任务要求

打破传统网页风格，制作美观的网页，引导浏览者进入具体网页。

任务分析

在设计之前对网页进行分析，由于浏览者一般对图片网页比较感兴趣，所以本任务主要以图片制作网页，然后通过链接进入相应的网页。

重点、难点

1. 层的操作。
2. 行为的设置。

【技术要领】 层的显示与隐藏
【解决问题】 行为的设置
【应用领域】 企业网站，个人网站
【素材来源】 “光盘:\素材文件\模块09”目录下
【视频来源】 “光盘:\操作视频\模块09\任务1”目录下

任务详解

1. 添加图片

STEP 01 启动Dreamweaver CS6软件，执行“文件”→“打开”命令，弹出“打开”对话框，选择anli-body.html网页，单击“打开”按钮，打开的网页如图9-2所示。

图9-2

2. 设置热区

STEP 02 选中产品图片，执行“窗口”→“属性”命令，打开“属性”面板，单击“属性”面板中的“矩形热点工具”图标按钮，如图9-3所示，然后按住鼠标左键不放，拖拽矩形至覆盖住其中一个产品，绘制热区，如图9-4所示。

图9-3

图9-4

STEP03 重复STEP02的操作，给图片上的每一个人物设置热区，效果如图9-5所示。

图9-5

3. 热区添加链接

STEP04 选中其中一个热区，在“属性”面板中，单击“链接”右侧的“浏览文件”图标按钮，如图9-6所示，弹出“选择文件”对话框，选择“anli-show.html”，单击“确定”按钮，添加链接，如图9-7所示。重复以上操作，为其他热区设置链接。

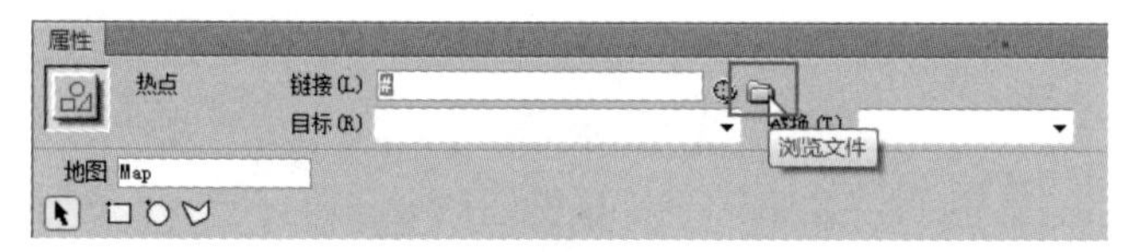

图9-6

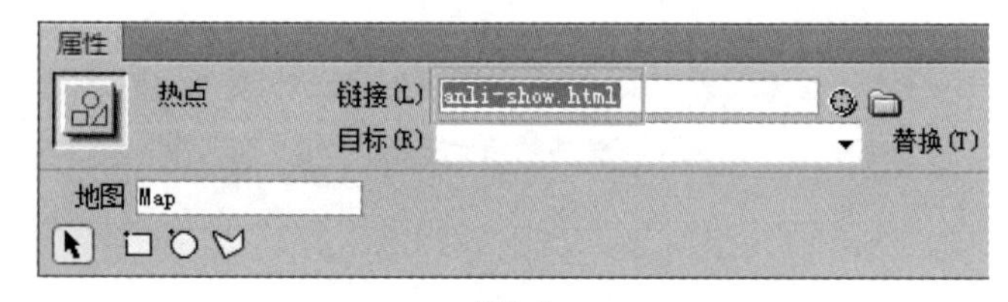

图9-7

4. 添加层

STEP05 执行插入栏中的“布局”→“绘制AP Div”命令，如图9-8所示，在第一个热区上方按住鼠标左键绘制层。

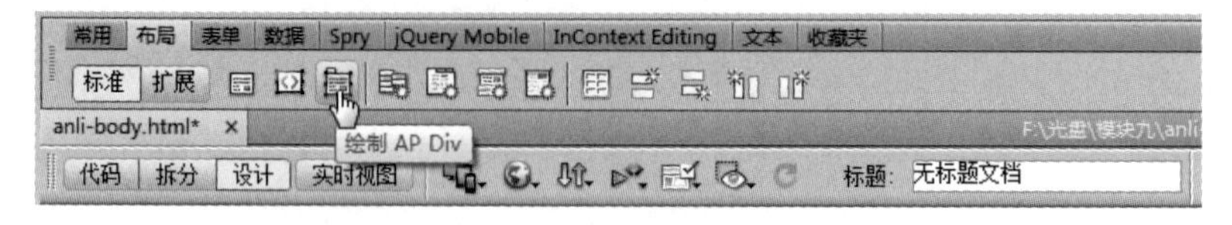

图9-8

STEP06 将光标置于层内，如图9-9所示，输入文字“产品1”，在“属性”面板中设置文字大小为“14 px”，字体颜色为“#F00”，效果如图9-10所示。

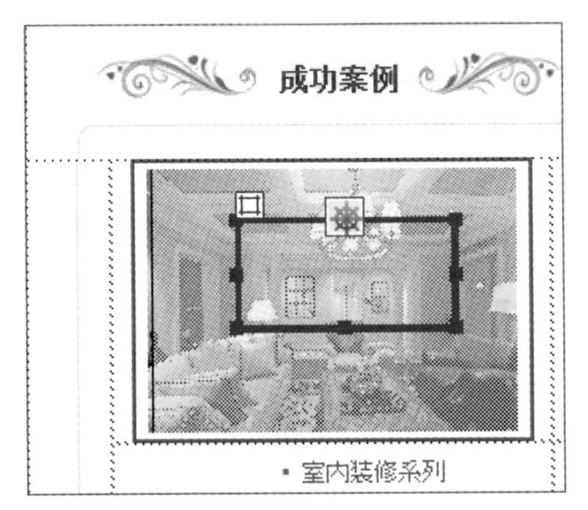

图9-9

图9-10

STEP 07 重复STEP05和STEP06的操作，在每个热区上方添加层，并在层内添加产品编号名称，如图9-11所示。

图9-11

5. 设置“显示—隐藏元素”行为

STEP 08 选中第一个热区，执行“窗口”→“行为”命令，打开“行为”面板，单击+按钮，在弹出的下拉菜单中执行“显示—隐藏元素”命令，如图9-12所示，弹出“显示—隐藏元素”对话框，在“元素”列表框中选择div "apDiv1"选项，如图9-13所示，单击“显示”按钮。

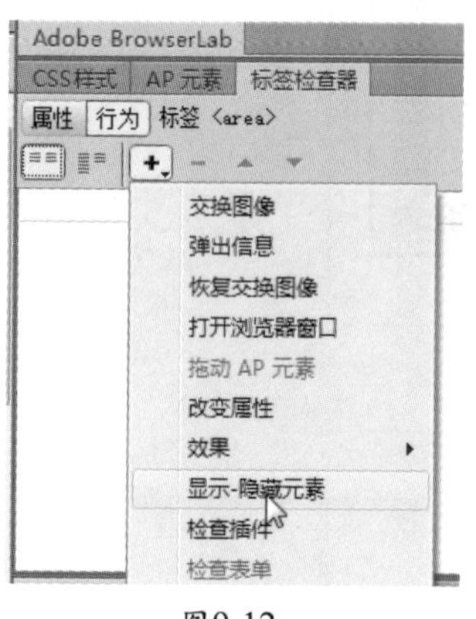

图9-12

图9-13

STEP 09 设置完成后单击“确定”按钮，则“行为”面板中添加了相应的行为，如图9-14所示。

图9-14

STEP 10 选中第一个热区，在“行为”面板中单击+按钮，在弹出的下拉菜单中执行“显示—隐藏元素”命令，弹出“显示—隐藏元素”对话框，在“元素”列表框中选择div "apDiv1"选项，单击“隐藏”按钮，然后再单击“确定”按钮，如图9-15所示。将添加的行为事件onMouseOver改为onMouseOut，如图9-16所示，修改后的行为如图9-17所示。

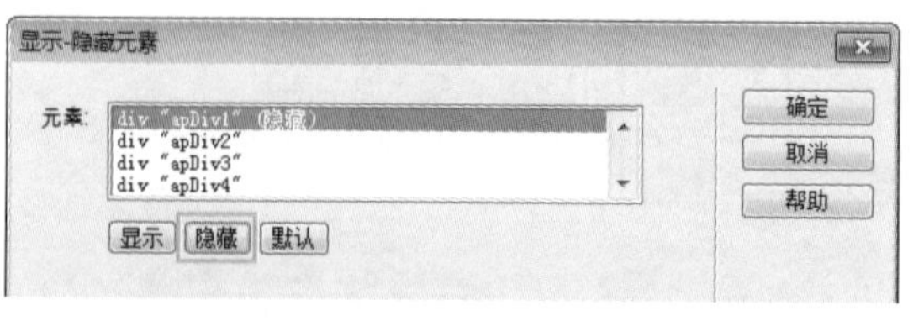

图9-15

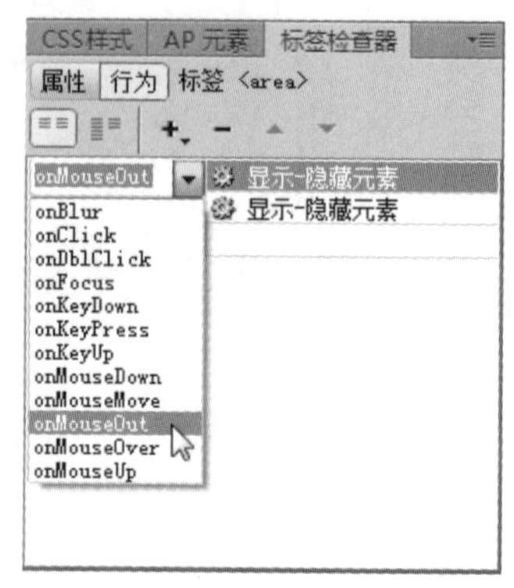

图9-16

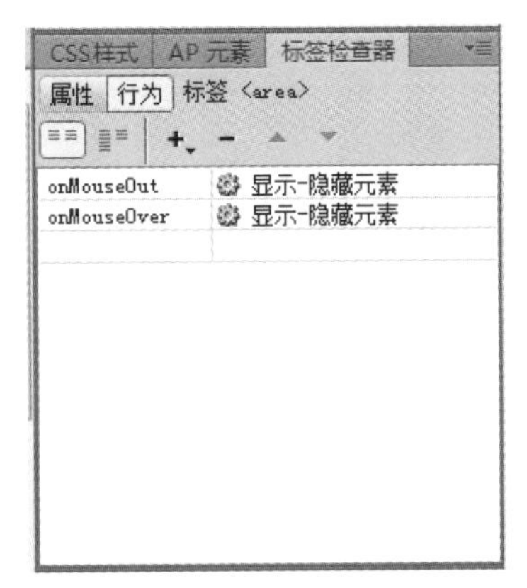

图9-17

STEP 11 选中第一个层，在“属性”面板中，设置“可见性”为“hidden”，如图9-18所示。

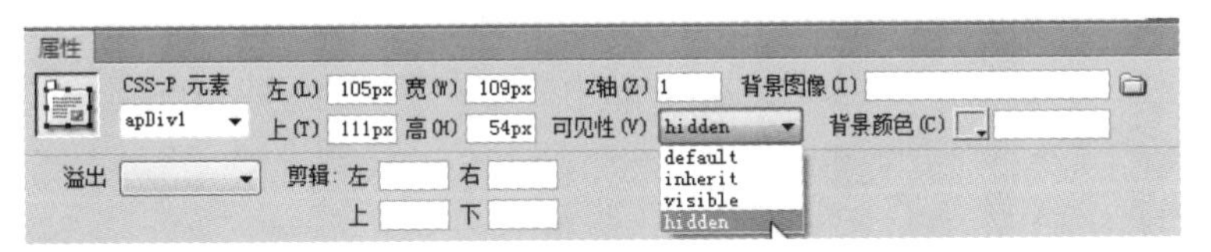

图9-18

STEP 12 重复STEP08～11的操作，为每个热区设置行为，每个层设置可见性为hidden。

STEP 13 执行“文件”→“保存”命令保存文件，按F12键浏览网页。

任务2 制作“动感首页”网页

任务背景

为了使家装设计网站更加动感，需要在“网站首页”添加一些动态效果，同时以更明显的方式显示企业的重要新闻，制作效果如图9-19所示。

图9-19

任务要求

要求动感网页制作效果灵活、美观。

任务分析

在设计之前对任务要求进行分析，确定在网页中使用图片交换效果、拖拽层、弹出公告栏、信息窗口等效果，使网页具有动感效果。

重点、难点

1．拖拽层。

2．Flash控制。

【技术要领】	在网页内任意拖拽层，可改变层的位置、对Flash进行控制
【解决问题】	通过层与行为来“拖动AP元素”和“控制Shockwave或Flash”
【应用领域】	个人网站，企业网站
【素材来源】	“光盘:\素材文件\模块09”目录下
【视频教程】	“光盘:\操作视频\模块09\任务2”目录下

任务详解

1. 打开网页

STEP 01 启动Dreamweaver CS6软件，执行“文件”→“打开”命令，弹出“打开”对话框，选择index.html网页，单击“打开”按钮，打开的网页如图9-20所示。

图9-20

2. 创建交换图像效果

STEP 02 将光标置于导航栏“网站首页”前面的表格内，如图9-21所示。执行插入栏中的

“常用”→“图像”命令，弹出“打开图像源文件”对话框，选择images\tu01.gif图片文件，单击“确定”按钮，添加图片，效果如图9-22所示。

图9-21

图9-22

STEP03 选中添加的图片，再执行“窗口”→“行为”命令，打开“行为”面板，如图9-23所示，单击“行为”面板中的+按钮，在弹出的下拉菜单中执行“交换图像”命令，如图9-24所示。

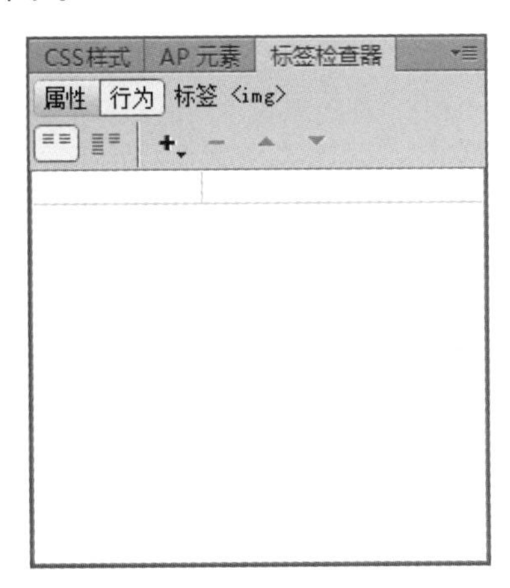

图9-23

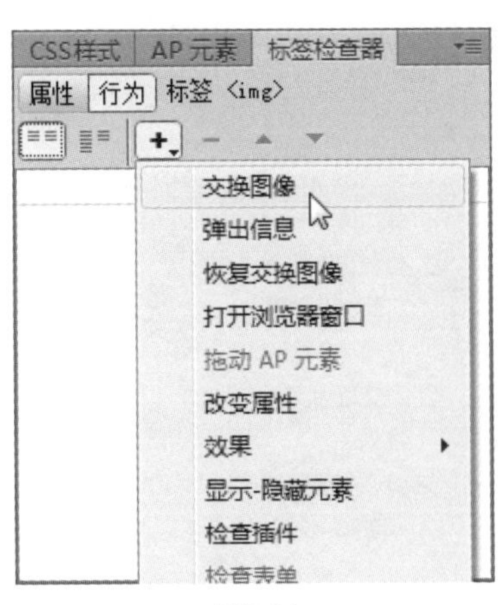

图9-24

STEP04 在弹出的“交换图像”对话框中，单击“设定原始档为”文本框右侧的“浏览”按钮，如图9-25所示，弹出“打开图像源文件”对话框，选择images\tu.gif图片文件，再单击“确定”按钮，添加交换图像的行为，如图9-26所示。

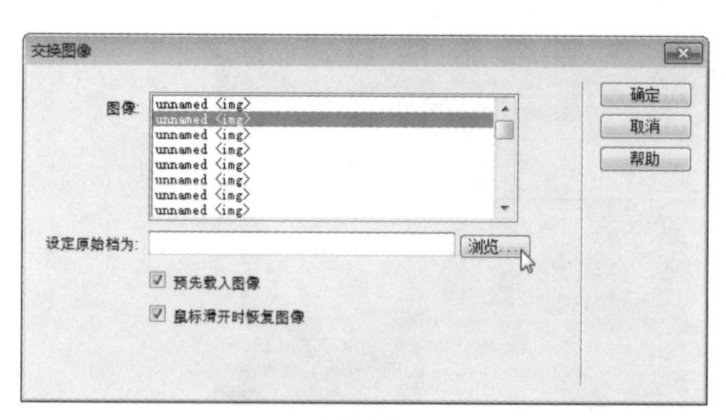

图9-25

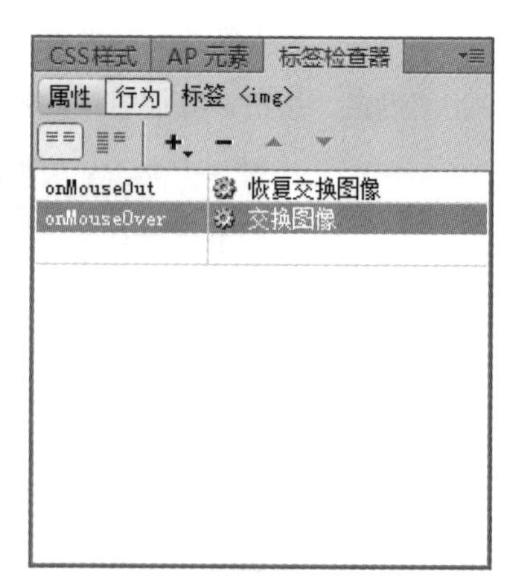

图9-26

STEP05 重复STEP03和STEP04的操作，为导航栏添加“公司简介”、“企业文化”、“新闻资讯”、“成功案例”、“在线留言”、“联系我们”图像交换效果，如图9-27所示。

图9-27

3. 改变属性

STEP06 将光标置于公司简介文字介绍的表格内，选择公司简介文字，在“行为”面板中单击“添加行为”按钮，从弹出的快捷菜单中执行“改变属性”命令，如图9-28所示。

STEP07 弹出“改变属性”对话框，根据需要对各选项进行设置（属性为color，新的值为#000000），设置完成后，单击“确定”按钮，如图9-29所示。

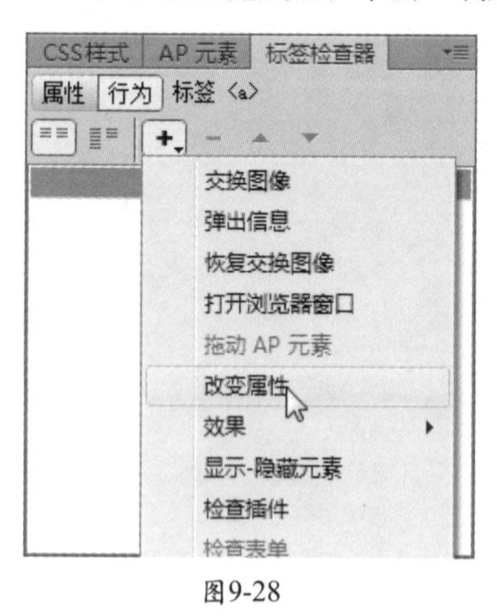

图9-28

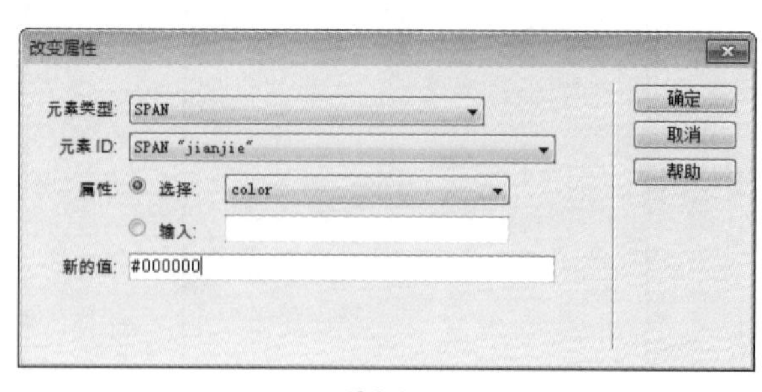

图9-29

STEP08 在“行为”面板中将看到添加的事件行为，将其动作改为onMouseMove，如图9-30所示。

STEP09 保存文件，按F12键进行浏览，效果如图9-31所示。

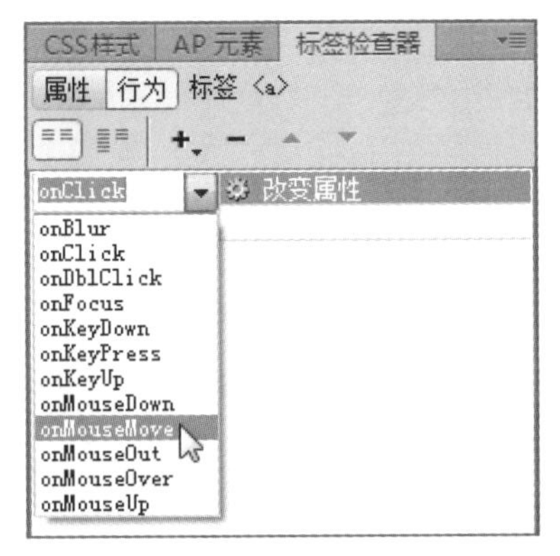

图9-30

图9-31

4. 创建弹出提示信息

STEP 10 单击网页文档窗口左下角的<body>标记，如图9-32所示。

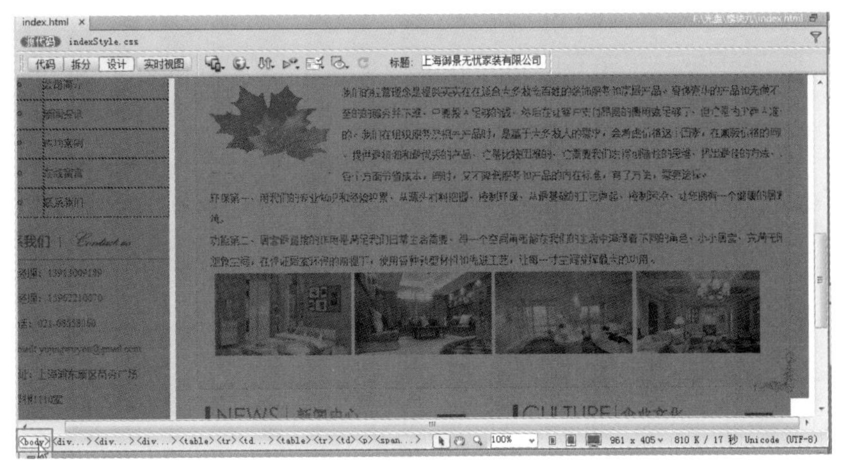

图9-32

STEP 11 单击“行为”面板中的+.按钮，在弹出的下拉菜单中执行“弹出信息”命令，弹出“弹出信息”对话框，在“消息”文本框中输入文字“欢迎您来到我们网站！”，如图9-33所示。

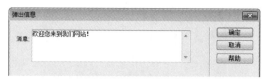

图9-33

STEP 12 保存文件，按F12键浏览，效果如图9-34所示。

图9-34

5. 创建打开浏览器窗口

STEP 13 单击网页文档窗口左下角的<body>标记，再单击“行为”面板中的+按钮，在弹出的下拉菜单中执行“打开浏览器窗口”命令，如图9-35所示，弹出“打开浏览器窗口”对话框，如图9-36所示。

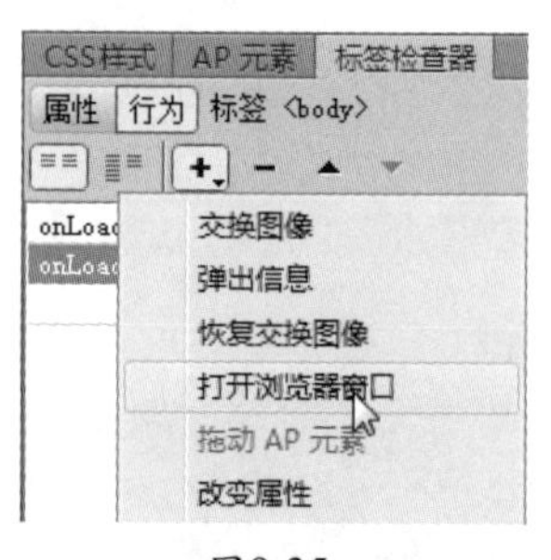

图9-35

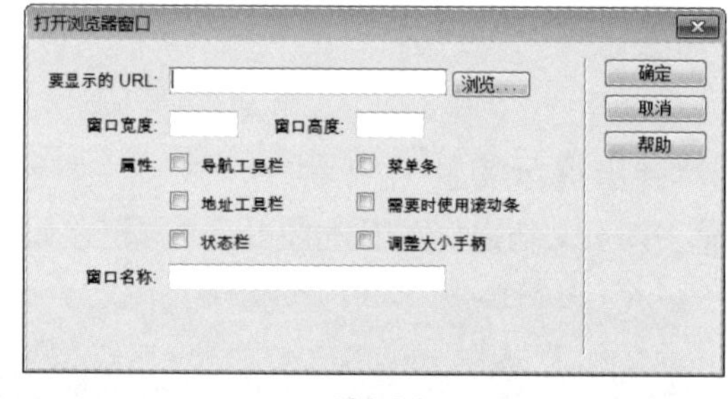

图9-36

STEP 14 在“打开浏览器窗口”对话框中单击“要显示的URL”文本框右侧的“浏览”按钮，弹出“选择文件”对话框，选择gg.html网页，单击“确定”按钮，如图9-37所示。

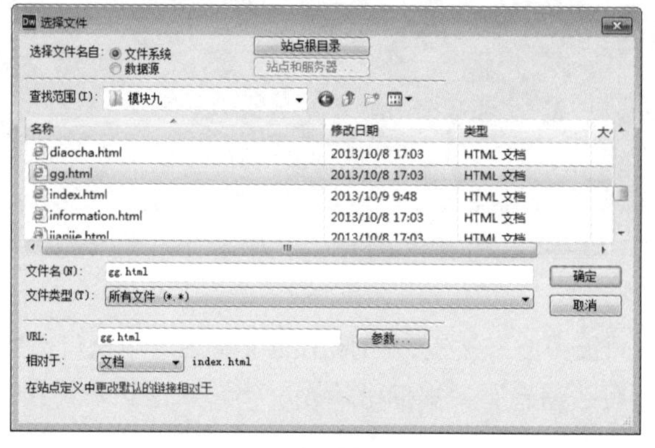

图9-37

STEP 15 返回“打开浏览器窗口”对话框，将“窗口宽度”设置为“300”，“窗口高度”设置为“428”，“窗口名称”设置为“公告”，如图9-38所示，单击“确定”按钮，添加行为，如图9-39所示。

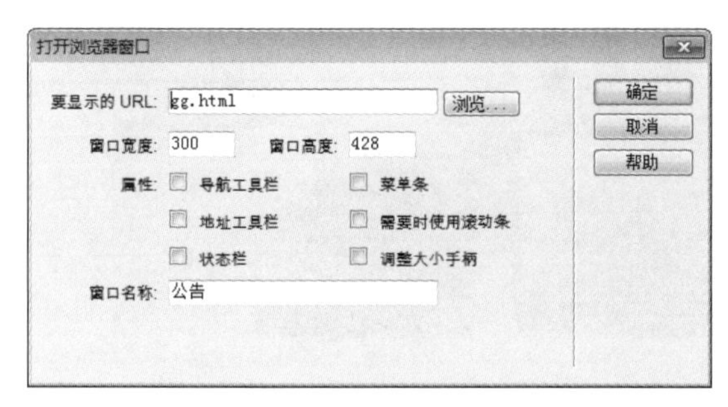

图9-38

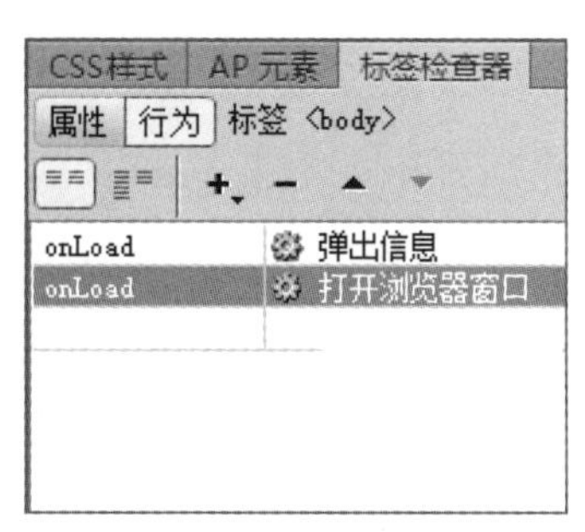

图9-39

STEP 16 保存文件，按F12键浏览，效果如图9-40所示。

图9-40

6. 拖动AP元素

STEP 17 在插入栏中执行“布局”→“绘制AP Div”命令，如图9-41所示。在热区上方按住鼠标左键绘制层，如图9-42所示。

STEP 18 将光标置于层内，执行插入栏中的“常用”→“图像”命令，弹出“选择图像源文件”对话框，选择images\ap.jpg图片文件，单击“确定”按钮添加图片，效果如图9-43所示。

STEP 19 单击网页文档窗口左下角的<body>标记，再单击“行为”面板中的+按钮，在弹出的下拉菜单中执行“拖动AP元素”命令，如图9-44所示。

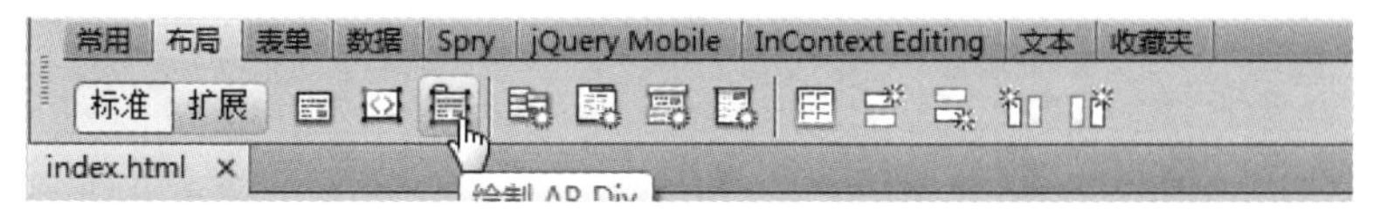

图9-41

图9-42

图9-43

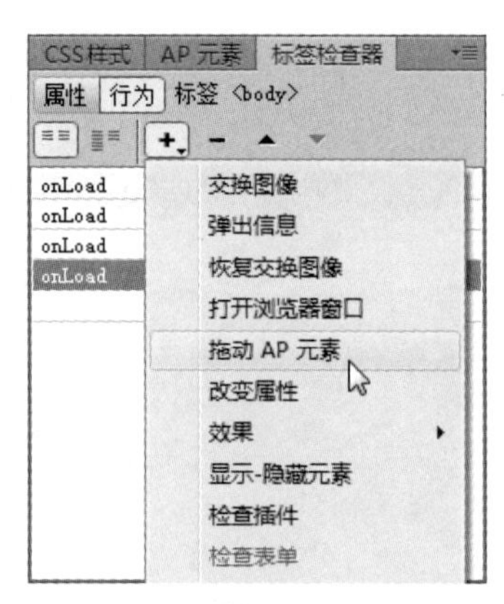

图9-44

STEP 20 弹出“拖动AP元素”对话框，设置相关参数，如图9-45所示，单击“确定”按钮。

STEP 21 选中层内的图片，为其设置属性，在“属性”面板中的“替换”文本框中输入“鼠标拖动”文字，如图9-46所示。

图9-45

图9-46

STEP 22 保存文件，按F12键浏览，效果如图9-47所示。

图9-47

7. 检查插件

利用Flash、Shockwave等技术制作的网页，如果浏览者的计算机中没有安装相应的插件，将无法看到网页中的这些对象。“检查插件”动作用来检查访问者的计算机中是否安装了特定的插件，根据这一情况，从而将它们转到不同的页面中去，具体操作步骤如下：

STEP 23 执行“窗口”→“行为”命令，打开“行为”面板，单击该面板中的“添加行为”按钮，在弹出的快捷菜单中执行“检查插件”命令，将打开“检查插件”对话框，效果如图9-48所示。

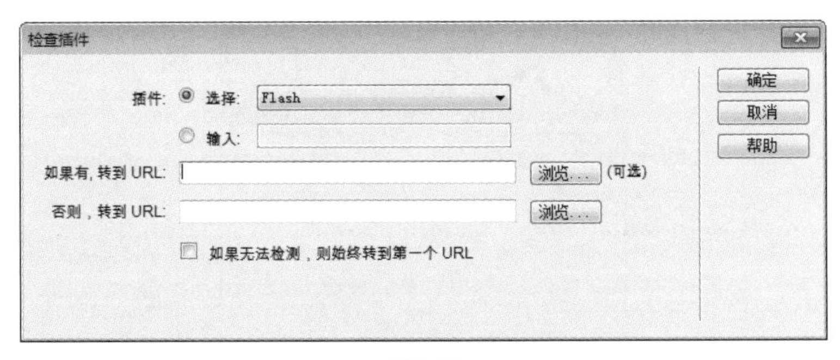

图9-48

在“检查插件”对话框中，各个选项的含义如下：

- 插件：在“选择”下拉列表中选择一个插件，或选中“输入”单选按钮，在右边的文本框中输入插件的名称。
- 如果有，转到URL：为安装了该插件的访问者指定一个URL。如果指定的是远程URL，则必须在地址中包括“http://”前缀。
- 否则，转到URL：为没有安装该插件的访问者指定一个替代URL。如果保留该域为空，访问者将留在同一页面上。

8. 检查表单

利用“检查表单”行为可以检查指定文本域的内容，以确保输入了正确的数据类型。可以使用onSubmit事件将其附加到表单，在单击“提交”按钮时同时对多个文本域进行检查。也可以使用onBlur事件将此动作分别附加到各文本域，在填写表单时对域进行检查；将此行为附加到表单，防止表单提交到服务器后任何指定的文本域包含无效的数据。

STEP 24 选中表单，执行“窗口”→“行为”命令，打开“行为”面板，单击该面板中的 +. 按钮，在弹出的快捷菜单中执行“检查表单”命令，如图9-49所示。

STEP 25 在弹出的“检查表单”对话框中，根据需要对各选项进行设置，设置完成后单击“确定”按钮，如图9-50所示。

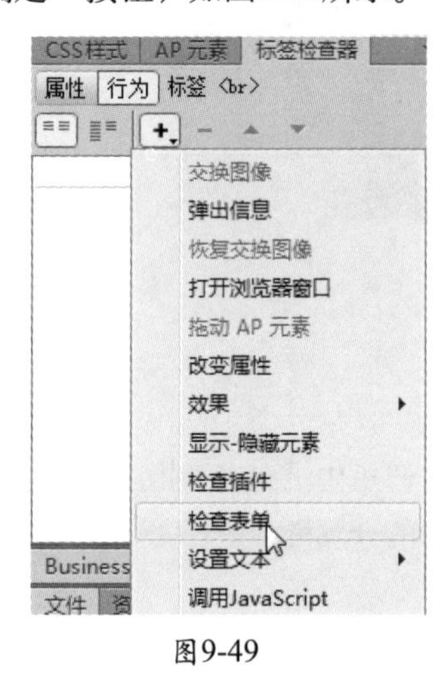

图9-49

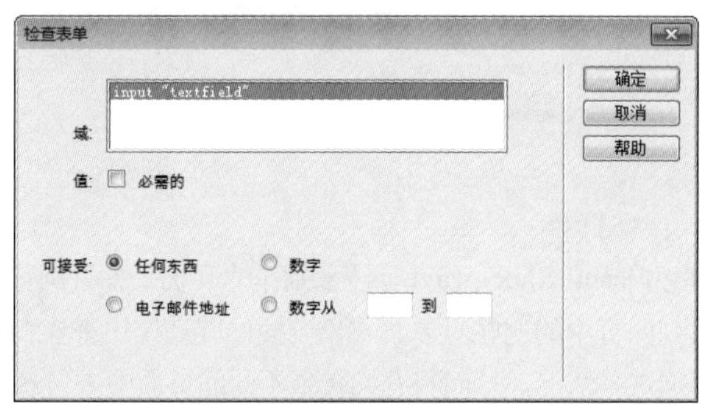

图9-50

STEP 26 在“行为”面板中将添加事件为onSubmit的行为，如图9-51所示。

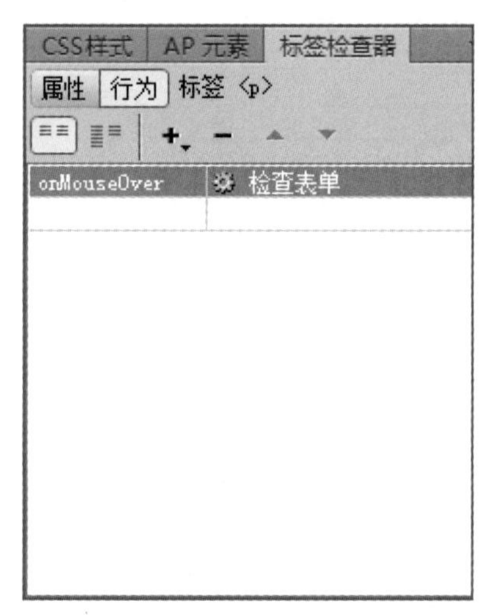

图9-51

在“检查表单”对话框中可以设置以下参数：

- 域：选择要检查的对象域。
- 值：如果该域必须包含某种数据，则选中“必需的”复选框。
- 可接受：使用“任何东西”检查必需域中包含有数据，数据类型不限；使用“电子邮件地址”检查域中是否包含一个@符号；使用“数字”检查域中是否包含数字；使用“数字从”检查域中是否包含特定范围的数字。

STEP 27 执行“文件”→“保存”命令保存文件，按F12键浏览网页。

Dw 知识点拓展

知识点1　层的概念

层是网页中的定位元素，既可以用于页面的排版布局，方便设计构思；也可以作为行为的载体，生成特殊的网页效果。在Dreamweaver 中，层引用的是可以使用页面坐标准确定位的任何元素。层的定位属性包括左和上、Z轴（也被称为叠放顺序）和“显示”。

层是一个载体，在层中可以添加文本、图像和表格等元素，如图9-52所示。把页面元素放入居中，可以控制元素的显示顺序，也能控制是哪个显示，哪个隐藏，即层还有可隐藏和可拖拽的特点，因此是许多网页特效的载体。

图9-52

层定位的元素可以使用DIV、 SPAV 、LAYER ILAYER等标签进行定义。在Dreamweaver 中默认使用的是DIV。

DIV和 SPAV 标签之间的区别在于：不支持层的浏览器需要在DIV 标签的前后放置额外的换行符。也就是说，DIV标签是块级别的元素，而SPAV标签则是内联元素。大多数情况下最好使用DIV 而不是SPAV。

注 意

由于层的定位一般使用的是绝对定位方法，因此，如果网页中的其他元素采用相对定位，则在Dreamweaver 中设计时看到的网页效果和在浏览器中预览时看到的效果可能会有很大的不同。为了解决定位差异的问题，可以设置整个网页为绝对定位方式。

知识点2　行为动作

表9-1列出了各种“行为”动作及其说明。

表9-1　行为动作及其具体说明

选项	说明
交换图标	通过改变<img>标记的SRC属性，来改变图像。利用该动作可以创建活动按钮或其他图像效果
弹出信息	显示带指定信息的JavaScript 警告。可以在文本中嵌入任何有效的JavaScript警告，如函数调用、属性、全局变量或表达式（若要嵌入一个JavaScript表达式，则需要用“{}”括起来）。例如，“本页面的URL 为{window.Location}，今天是{new Date}”
恢复交换图像	可以将最后一组交换的图像恢复为原图
打开浏览器窗口	在新窗口中打开URL，并可以设置新窗口的尺寸等属性
拖拽层	利用该动作可以允许用户拖拽层
控制Shockwave或Flash	利用该动作可以播放、停止、重播或者转到Shockwave或Flash电影的指定帧
播放音乐	播放插入的音乐
改变属性	改变对象属性值
时间轴	使用时间轴的功能，可以在网页中制作浮动图像或其他元素效果
显示－隐藏层	显示、隐藏一个或多个窗口，或者恢复其默认属性
显示弹出式菜单	可以显示弹出式菜单。可以使用此对话框来设置或修改弹出式菜单的颜色、文本和位置
检查插件	利用该动作可以根据访问者所安装的插件，发送给不同的网页
检查浏览器	利用该动作可以根据访问者所使用的浏览器版本，发送给不同的网页
检查表单	检查文本框内容，以确保用户输入的数据格式正确无误
设置导航栏图标	将图片加入导航栏或改变导航栏图片显示
设置文本	包括以下4项功能。 设置层文本：动态设置框架文本，以指定内容替换框架内容及格式； 设置文本域文字：利用指定内容代表单文本框中的内容； 设置框架文本：利用指定内容取代现存层中的内容及格式； 设置状态栏文本：在浏览器左下角的状态栏中显示信息
调用JavaScript	执行JavaScript代码
跳转菜单	当创建了一个跳转菜单时，Dreamweaver 将创建一个菜单对象，并为其附加行为。在“行为”面板中双击“跳转菜单”动作可编辑跳转菜单
跳转菜单开始	当创建了一个跳转菜单时，在其后面加一个行为动作GO按钮
转到URL	在当前窗口或指定框架打开一个新页面
隐藏弹出式菜单	可以隐藏弹出式菜单
预先载入图像	该图片在页面进入浏览器缓冲区之后不立即显示。主要用于时间轴、行为等，从而防止因下载引起的延迟
显示事件	显示所适合的浏览器版本
获取更多行为	从网站上获得更多的动作功能

知识点3 “行为”面板

“行为”面板是Dreamweaver CS6的功能面板，行为的主要功能是在网页中插入JavaScript程序，而无需用户自己动手编写代码就可以生成所需要的效果。使用“行为”面板可以轻松地做出许多网页特效。

一个行为是由对象、事件和动作3部分组成的。对象是行为的主体，事件是动作被触发的结果，而动作是用于为完成特殊任务而预先编好的JavaScript代码，例如打开一个浏览器窗口、播放声音等。

当对一个页面元素使用行为时，可以指定动作和所触发的事件。Dreamweaver CS6提供了一些确定的动作，可以把它们应用在页面元素中。下面介绍“行为”面板的基本功能。

执行“窗口”→“行为”命令（快捷键Shift+F4），即可打开“行为”面板，如图9-53所示。

提 示

一般情况下，事件依赖于对象的存在而存在，要应用某事件，就要先选中页面中的对象。比如要对一个图像使用onMouseOver事件，则应先选中图像再进行设置。

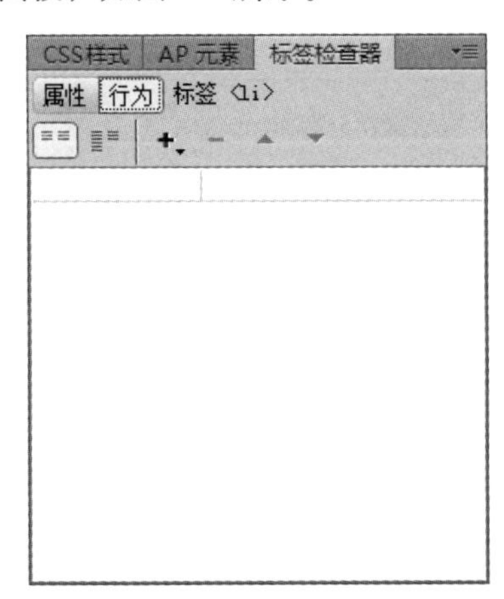

图9-53

“行为”面板上的各按钮介绍如下。

- （显示设置事件）：显示触发的事件，即显示已经设置的行为。
- （显示所有事件）：在列表中显示所有的事件供用户进行选择，如图9-54所示。
- （添加行为）：用于给被选定的对象加载动作，也就是自动生成一段JavaScript程序代码。
- （排序）：该功能只有在多个动作都是相同的触发事件时才有效。例如，希望别人进入你的主页时弹出信息提示框或打开一个小窗口，由于网络速度的问题，两个动作之间有时间差，此时就可以使用此功能，为响应动作排序。

图9-54

单击 +. 按钮将弹出如图9-55所示的下拉菜单。需要特别注意的是，这个菜单与实际操作时所看到的可能有所不同，其不同之处在于每个菜单项是否为灰色显示的（灰色表示该命令在当前不能使用）。

如果在空白文档中单击 +. 按钮，则弹出的下拉菜单中大部分命令都是灰色的。这是因为普通的文本不能对其加载行为动作，若是把一段文本做成超链接或选取一张图片，再单击 +. 按钮，则弹出的下拉菜单就同图9-55所示一样了。若不想使用超链接而又要在文本上加载行为动作，可以使用如下方法：

- 将要加载行为动作的文本定义为一个无址链接（或空超链接），也就是在“属性”面板的“链接”文本框中输入一个“#”即可。
- 按Shift+F4组合键调出“行为”面板，单击 +. 按钮，在弹出的下拉菜单中执行相应的命令，加载要添加的动作。
- 在“源代码”视窗中删除空超链接“herf="#"”。按F12键就可以看到在普通文本上加载的动作了。

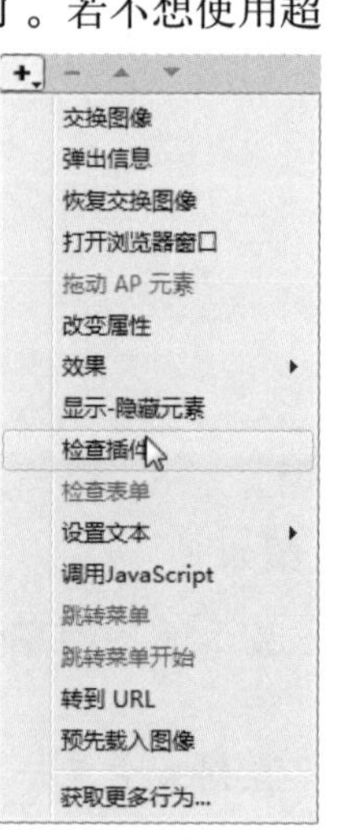

图9-55

提 示

动作可以被附加到链接、图像、表单以及其他页面元素，甚至是整个文档中，也可以为每个事件指定多个动作，动作根据行为面板的“动作”列中显示的顺序依次完成发生。

知识点4　事件与动作

1. 事件

当用户浏览器中触发一个事件时，事件就会调用与其相关的动作，也就是一段JavaScript代码。网页事件分为不同的种类，有的与鼠标有关，有的与键盘有关。

对于同一个对象，不同版本的浏览器支持的事件种类和多少是不一样的。一般情况下，版本越高的浏览器支持的事件就越多。如果使用了只有高版本支持的浏览器支持的事件，则在低版本浏览器中是看不到行为效果的。目前浏览器的主流是Internet Explorer 6.0以上的版本。单击“行为”面板中的“显示设置事件”按钮，则显示已经设置的事件，单击“显示所有事件”按钮，则显示所有可以设置的事件。

下面对事件的用途进行分类说明，如表9-2～表9-5所示。

表9-2　关于窗口的事件

事件	说明
onAbort	在浏览器窗口中停止了加载网页文档的操作时发生的事件
onMove	移动浏览器窗口或者停顿时发生的事件
onLoad	当图像或页面完成加载时发生的事件
onResiz	浏览器的窗口或帧的大小改变时发生的事件
onLoad	访问者退出网页文档时发生的事件

表9-3　关于鼠标的事件

事件	说明
onClick	单击选定元素的一瞬间发生的事件
onBlur	鼠标指针移动到窗口或帧外部发生的事件，即在非激活状态下发生的事件
onDragDrop	拖拽并释放指定元素的那一瞬间发生的事件
onDragStart	拖拽选定元素的那一瞬间发生的事件
onFocus	鼠标指针移动到窗口或帧上发生的事件，即激活之后发生的事件
onMouseDown	右击一瞬间发生的事件
onMouseMove	鼠标指针经过选定元素上方时发生的事件
onMouseOut	鼠标指针经过选定元素之外时发生的事件
onMouseOver	鼠标指针经过选定元素上方时发生的事件
onMouseup	右击，然后释放时发生的事件
onScroll	访问者在浏览器上移动滚动条时发生的事件
onKeyDown	在键盘上按住特定键时发生的事件
onKeyPress	在键盘上按特定键时发生的事件
onKeyUp	在键盘上按下特定键并释放时发生的事件

表9-4　关于表单的事件

事件	说明
onAfterUpdate	更新表单文档的内容时发生的事件
onBeforeUpdate	改变表单文档的项目时发生的事件
onChange	访问者修改表单文档的初始值时发生的事件
onReset	将表单文档重新设置为初始值时发生的事件
onSubmit	访问者传送表单文档时发生的事件
onSelect	访问者选定文本字段中的内容时发生的事件

表9-5 其他事件

事件	说明
onError	在加载文档的过程中发生错误时发生的事件
onFilterChange	用于选定元素的字段发生变化时发生的事件
onfinishMarquee	用功能来显示的内容结束时发生的事件
onstartMarquee	开始应用功能时发生的事件

2. 动作

动作就是设置更换图片和弹出警告对话框等特殊效果的功能，只有当某个事件发生时，才能被执行，动作的说明如表9-6所示。

表9-6 Dreamweaver 提供的动作及其说明

动作	说明
CallJavaScript	事件发生时，调用JavaScript 特定函数
ChangeProperty	改变选定客体的属性
Check Browser	根据访问者的浏览器版本，显示适当的页面
Check Plugin	确认是否设有运行网页的插件
Control Shockwave or Flash	控制Flash 影片的指定帧
Drag Layer	允许用户在浏览器中自由拖拽层
Go TO URL	选定的事件发生时，可以拖拽到特定的站点或者网页文档上
Hide Pop-up Menu	在Dreamweaver 中隐藏制作的弹出窗口
Jump Menu	制作一次可以建立若干个链接的跳转菜单
Jump Menu Go	在跳转的菜单中选定之后要移动的站点，只有单击GO 按钮才可以移动到链接的站点上
Open Browser window	在新窗口中打开URL
Play Sound	设置在事件发生之后，播放链接的音乐
Popup Message	设置在事件发生之后，显示警告信息
Preload Images	为了在浏览器中快速显示图片，在事先下载图片之后显示出来
Set Nav Bar Images	制作由图片组成菜单的导航栏
Set Text of Frame	在选定的帧上显示指定的内容
Set Text of Layer	在选定的层上显示指定的内容
Set Text of Status Bar	在状态栏上显示指定的内容
Set Text of Text Field	在文本字段区域显示指定的内容
Show Pop-up Menu	在Dreamweaver CS6中可以制作需要的弹出菜单
Show-Hide Layer	根据设置的事件，显示或隐藏指定的AP Div
Swap Image	设置的事件发生后，用其他图片来取代选定的图片
Swap Image Restore	在运用 Swap Image 动作之后，显示原来的图片
Timeline	用来控制时间轴，可以播放和停止动画
Validate From	检查表单文档的有效性使用

Dw 独立实践任务

任务3 制作“动感”网页

任务背景

为了突出精品课程网站的特点，并吸引更多的浏览者，需要为网页制作更炫的动感效果。

任务要求

网站内容活跃，页面美观。

【技术要领】 层的显示、隐藏，Flash控制，弹出公告栏等
【解决问题】 通过层与行为设置
【应用领域】 个人网站，企业网站
【素材来源】 无

任务分析

主要制作步骤

09

Dw 职业技能考核

一、选择题

1. 在下面标准的事件中，（　）不是键盘类的。

   A. onKeyDown　　B. onKeyPress　　C. onKeyUp　　D. onKeyMove

2. 在拖拽图层的设置中，下图所表示的意义是（　）。

   A. 图层的中心在靠近目标位置50像素以内时就会自动移动到目标位置

   B. 图层的左上顶点在靠近目标位置50像素以内时就会自动定位在目标位置

   C. 图层的中心在靠近目标位置50像素以内时，如果松开鼠标，图层会自动靠近目标位置

   D. 图层的左上顶点在靠近目标位置50像素以内时，如果松开鼠标，图层会自动定位在目标位置

   放下目标：左：5　上：93　取得目前位置

   靠齐距离：50　像素接近放下目标

3. 对行为操作的面板是（　）。

   A. “行为”面板　　B. “属性”面板

   C. “层”面板　　D. “对象”面板

4. 如果要使用“常用”面板插入图片，要单击下面（　）按钮。

   A.　　B.　　C.　　D.

5. 标准事件onResize表示的意思是（　）。

   A. 当浏览器窗口的大小被改变时，就会发生该事件

   B. 当滚动条被移动时，就会发生该事件

   C. 当正在下载一个图片时，如果单击了浏览器中的“停止”按钮，就会发生该事件

   D. 当浏览者改变了下拉列表或文本框中的一个值时，就会发生该事件

6. 下面标准事件中，（　）不是鼠标类的。

   A. onMouseDown　　B. onMouseMove

   C. onMouseClick　　D. onDblClick

7. 下面（　）选项不是事件。

   A. 鼠标滑过　　B. 双击鼠标

   C. 改变文本框中的内容　　D. 隐藏层

二、填空题

1. 在设置拖拽图层的属性时，如果选择了“限制”，效果是__________。
2. 在Macromedia 中，行为是__________和__________的组合。
3. 鼠标拖拽图层的效果是__________。
4. 在编写动态网页之前，一定要考虑访问者的浏览器的__________和__________。
5. 事件“onKeyPress”表示__________时候会发生该事件。
6. 显示“行为”面板的快捷键是__________。

模块10 网站测试与发布

网站制作完成后，需要对网站进行总体的测试，对测试结果中出现的问题分析处理后，就可以将其上传到服务器中供访问者浏览。本模块通过站点测试、申请域名空间、站点上传发布3部分，来介绍网站管理的相关知识。

能力目标：

1. 能够测试站点
2. 掌握域名空间的申请方法
3. 能够发布站点

知识目标：

1. 掌握站点测试内容
2. 掌握站点测试和发布技巧
3. 理解域名和空间概念

课时安排：4课时（讲课3课时，实践1小时）

Dw 模拟制作任务

【本模拟制作任务素材来源】 “光盘:\素材文件\模块10”目录下
【本模拟制作任务操作视频】 “光盘:\操作视频\模块10”目录下

任务1 检查链接

任务背景

某家装设计公司网站已经制作完成，在作品发布之前需要对整个网站进行检测，其中包括检查链接，查看是否有断掉的链接，空链接等。

任务要求

通过本任务的学习，要求掌握检查链接的方法，能够看懂检测结果，能够处理检测出的问题。对网站进行链接检查，发现存在的问题，以完善网站。

任务分析

网站发布前，对站点进行测试是十分必要的。站点测试可以发现网站存在的问题，为进一步改进网站提供依据。Dreamweaver CS6的检查链接功能用于查找网页或整个网站断掉的链接以及孤立文件和外部链接。

重点、难点

重点是掌握检查链接的方法，难点是对检查结果进行处理。

【技术要领】 结果面板，链接检查器，检查结果的查看、分析和处理
【解决问题】 网站链接检查
【应用领域】 网站测试

任务详解

1. 新建站点

STEP 01 要进行网站测试，首先需要创建一个站点，然后才能对站点进行测试。新建站点JzHtml，将站点本地目录设置为“光盘:\素材文件\模块10”。

2. 打开结果面板

STEP 02 在“文件”面板中选择站点JzHtml，如图10-1所示。

STEP 03 执行“窗口”→“结果”→“链接检查器”命令，打开“链接检查器”面板，如图10-2所示。

3. 开始链接检查

STEP 04 检查断掉的链接：在“显示”下拉列表框中选择“断掉的链接”选项，单击▶按钮，在弹出的菜单中执行“检查整个当前本地站点的链接”命令，如图10-3所示。

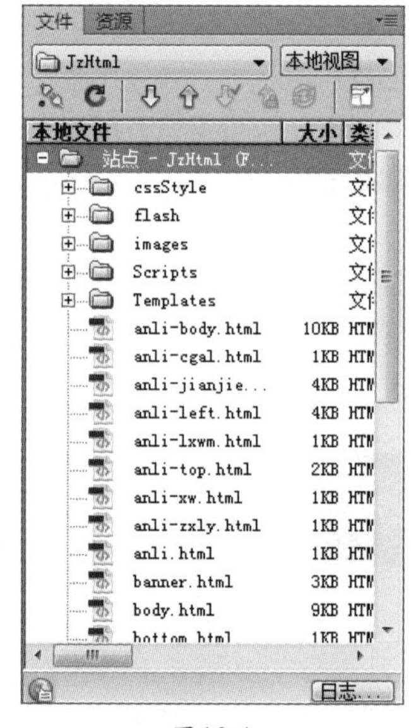

图10-1

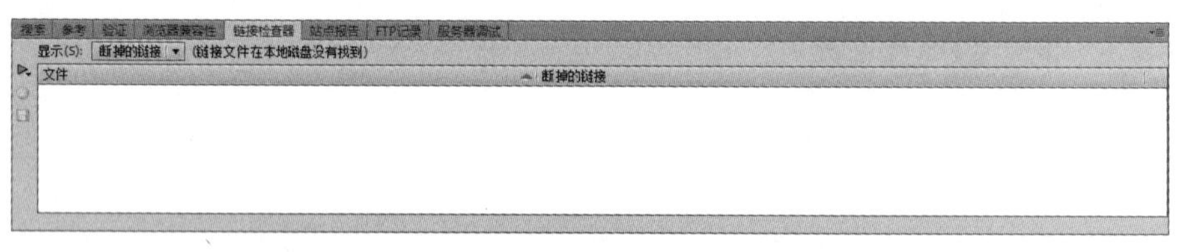

图10-2

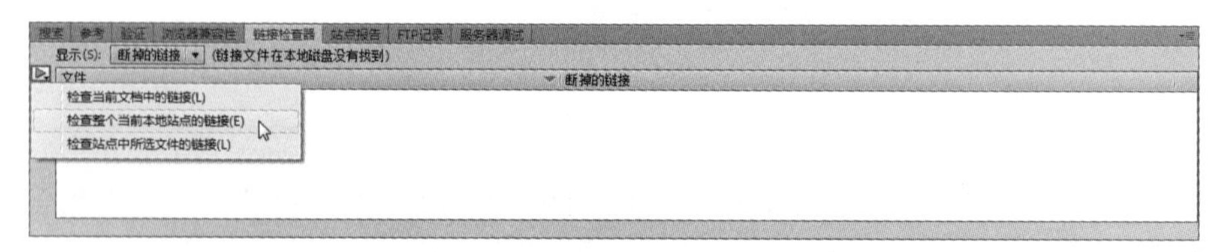

图10-3

STEP 05 该链接检查会检测整个网站的链接，并显示结果，如图10-4所示。列表中显示的是站点中断掉的链接，最下端显示检查后的总体信息，如共多少个链接、正确链接和无效链接数量等。

图10-4

STEP 06 从图10-4中可以看到总共有514个链接，其中有47个链接断掉、4个外部链接。断掉的链接意味着单击该链接时，无法正确响应。链接断掉的原因有很多，如链接的文件被移动或删除了，或链接的文件名称写错了等。解决链接问题的主要方法是：选中无效链接，单击其右侧的“浏览文件”按钮，重新设定链接文件，如图10-5所示。

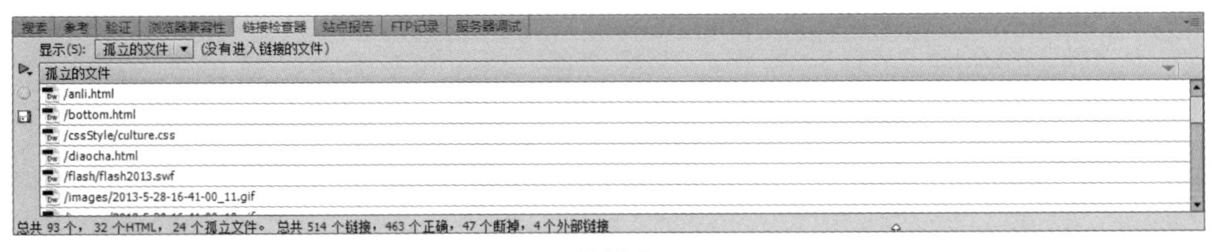

图10-5

STEP 07 查看孤立文件：在“显示”下拉列表框中选择“孤立的文件”选项，可查看网站中的孤立文件，也就是没有被链接的文件，如图10-6所示。孤立文件一般没有用，可以全部删除。

图10-6

STEP 08 检查外部链接：在“显示”下拉列表框中选择“外部链接”选项，可查看网站中的外部链接，此时如果发现有错误的链接地址，可单击该链接进行修改，如图10-7所示。

图10-7

任务2 生成站点报告

任务背景

在某家装设计公司网站发布之前需要对整个网站进行测试，其中包括生成站点报告。

任务要求

对某家装设计公司网站生成站点报告，查看报告结果，根据报告进一步改善网站。

任务分析

在Dreamweaver CS6中可以对当前文档选定文件，并对整个站点的工作流程或HTML属性运行站点报告。工作流程报告能够改进Web小组成员间的合作；HTML报告可检查合并的嵌套字体标签、辅助功能、遗漏的替换文本、冗余的嵌套标签、可删除的空标签和无标题文档等。

重点、难点

重点是掌握生成站点报告的方法，难点是对检查报告的分析和处理。

【技术要领】 结果面板，链接检查器，检查结果的查看、分析和处理
【解决问题】 生成站点报告
【应用领域】 网站测试

任务详解

1. 生成站点报告

STEP 01 在结果面板中选择“站点报告”选项卡，如图10-8所示。

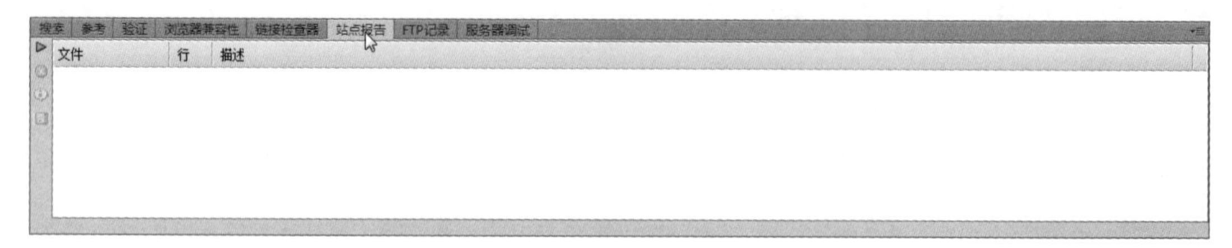

图10-8

STEP 02 单击▶按钮，打开“报告”对话框，在“报告在”下拉列表框中设置报告的对象为“整个当前本地站点”，在“选择报告”列表框中选中“HTML报告”下所有的复选框，如图10-9所示。

STEP 03 单击“运行”按钮，生成站点报告，如图10-10所示。

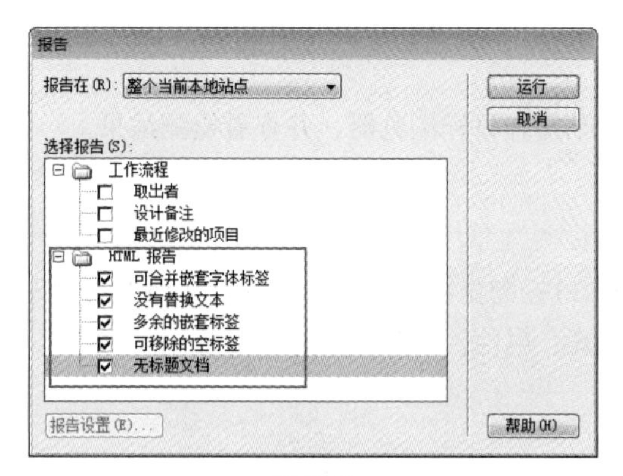

图10-9

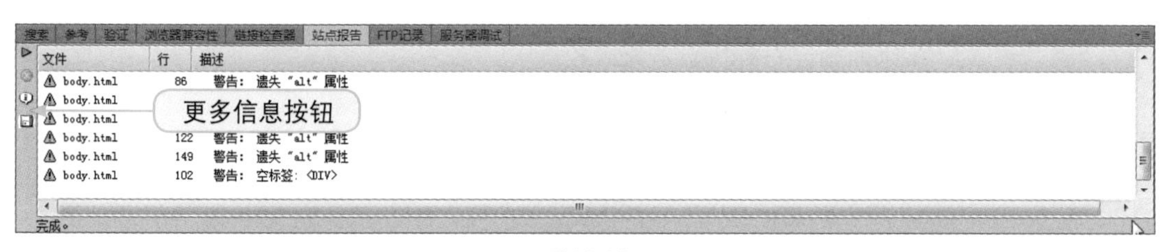

图10-10

2. 查看报告

STEP 04 选择生成的一项报告，然后单击“更多信息”按钮，显示该项报告的具体信息描述。图10-11显示了两种不同的描述方式。根据报告结果以及描述内容，修改网页。

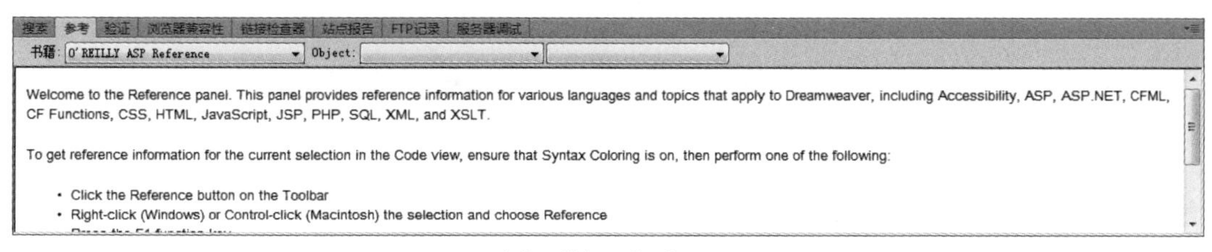

(a) “参考”选项卡

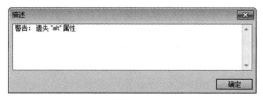

(b) “描述”对话框

图10-11

任务3 检查目标浏览器

任务背景

在某家装设计公司网站发布之前还需要对整个网站进行测试，其中包括检查目标浏览器兼容性问题。

任务要求

对某家装设计公司网站检查目标浏览器，并查看检测结果。

任务分析

Dreamweaver CS6的目标浏览器检查功能可以对文档中的代码进行测试，检查是否存在浏览器所不支持的任何标签、属性、CSS属性和CSS值。

重点、难点

重点掌握检查目标浏览器的方法。

【技术要领】 结果面板，目标浏览器兼容检查
【解决问题】 检查浏览器兼容性
【应用领域】 网站测试

任务详解

1. 浏览器兼容性检查

STEP 01 执行“窗口”→“结果”→“浏览器兼容性”命令，打开“浏览器兼容性”选项卡，如图10-12所示。

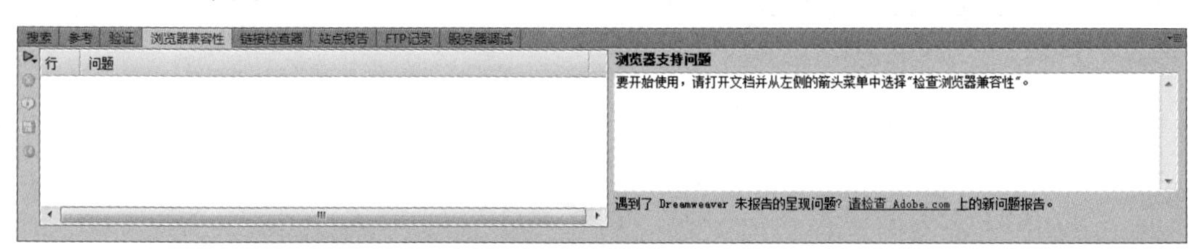

图10-12

STEP 02 单击按钮，在弹出的菜单中选择“检查浏览器兼容性”选项，运行命令，生成检测报告，显示结果，如图10-13所示。

图10-13

2. 查看报告

STEP 03 选择报告中的一项，单击按钮，在弹出的“描述”对话框中查看具体描述信息，或者在查看报告右侧显示的“浏览器支持问题”列表框中查看描述信息，如图10-13所示。根据报告和网站主要客户群，分析问题是否严重，是否需要处理解决。

任务4 申请域名

任务背景

网站制作完成后，如果想让其他人访问到，就需要一个网站域名和空间。为把网站发布到网络上，需要申请一个域名和空间。

任务要求

要求掌握免费和收费域名申请的方法，并为网站在mycool.net网站中申请一个免费的域名。

任务分析

免费域名一般稳定性很差，且常常有广告，因此一般情况下，都申请收费域名。这里，根据任务要求先申请一个免费域名。

重点、难点

掌握域名申请方法。

【技术要领】 域名申请相关网站，域名查询与申请
【解决问题】 域名申请
【应用领域】 网站发布

任务详解

1. 申请免费域名

STEP 01 在百度或者Google中输入关键字：“免费域名申请”，可以搜索到很多相关网页，如mycool.net网站就提供免费域名申请。打开该网页，如图10-14所示。

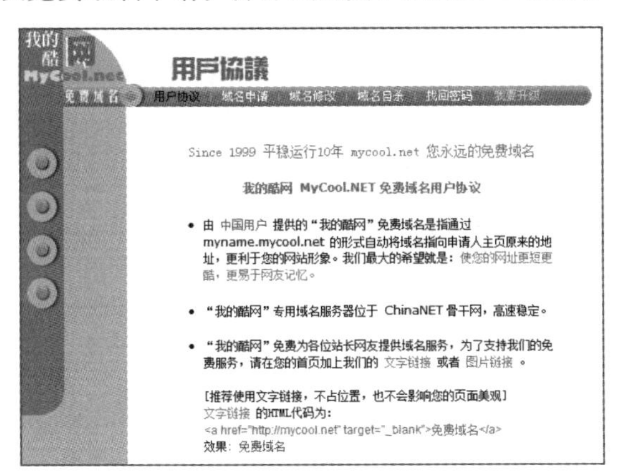

图10-14

STEP 02 选择导航栏中的“域名申请”选项，跳转到“域名申请”页面，如图10-15所示。

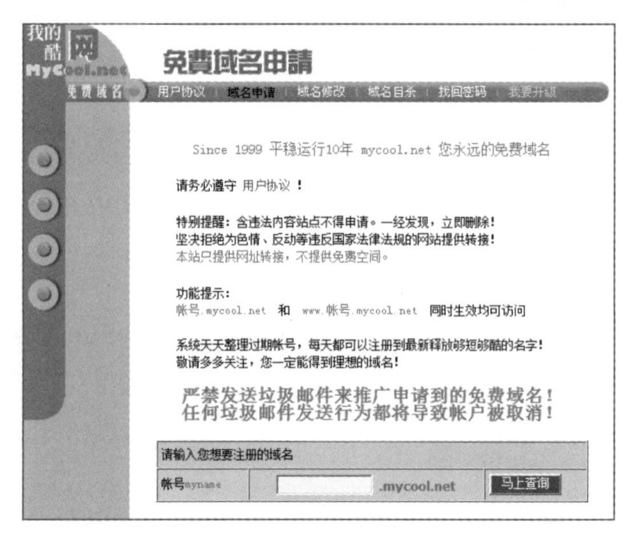

图10-15

STEP 03 在“账号”文本框中输入域名，如shjzsj，并单击“马上查询”按钮，检测该账号是否被注册了，如果被注册了，则需更换一个新的名称，如图10-16所示。

图10-16

STEP 04 当账号没有被注册，则该域名可以使用，然后填写一些信息，如密码、Email信息等，其中“转到URL网址”为需要跳转到的网站URL地址，比如空间提供商所提供的IP地址等，如图10-17所示。

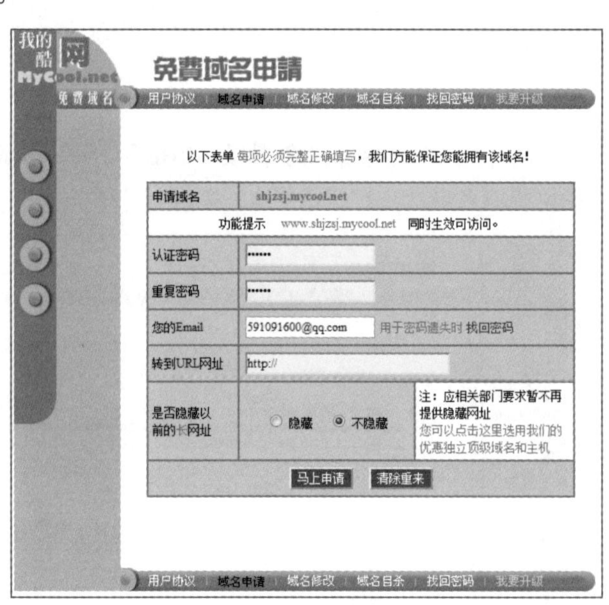

图10-17

STEP 05 单击“马上申请”按钮，域名申请成功，如图10-18所示。

图10-18

2. 测试申请的免费域名

STEP 06 单击"测试您的新域名：http://shjzsj.mycool.net"超链接，可链接到跳转的URL。在链接过程中，可以看到mycool.net的广告，这些广告会影响网页的效果，因此，一般情况下不使用免费域名。

3. 申请收费域名

STEP 07 收费域名的申请与免费域名的申请方法相似。在域名文本框中输入想要申请的域名名称，单击"查询"按钮，如果没有被注册，则可以注册该域名，网站页面如图10-19所示。

图10-19

任务5 申请空间

任务背景

网站制作完成后，如果想让其他人访问到，就需要一个网站域名和空间。在任务4中已申请了一个域名，现需要申请一个空间，把某家装设计网站发布到网络上。

任务要求

要求掌握租用虚拟主机空间的方法，如果经济允许在网上申请一个空间。

任务分析

要把制作完成的网页发布到因特网上，企业可以自己建立机房、配备专业人员、服务器、路由器和网络管理工具等，再向邮电部门申请专线和出口等，由此建立一个完全属于自己管理的独立网站。但是这样需要很大的投入，且日常运营费用也较高。

重点、难点

掌握虚拟主机申请方法。

【技术要领】 虚拟主机空间租用相关网站，选择适合的空间类型
【解决问题】 空间申请
【应用领域】 网站发布

任务详解

STEP 01 目前，提供虚拟主机空间租用的服务商很多，如“万网”、“天网数据”等。访问网站www.net.cn，打开“万网”首页，在导航栏上选择“云虚拟主机”选项，在打开的页面上可以看到该网站提供了多种虚拟主机的选择，如图10-20所示。

图10-20

STEP 02 单击“详细配置”进入产品详细介绍页面，可以选择不同的网站空间大小、邮箱数量、IIS访问数等，可以根据自己的需要购买最适合、最优惠的类型，如图10-21所示。

图10-21

STEP 03 在这个网站上，可以申请域名，也可以购买存储空间，通常按年收费。虚拟主机选择完毕后单击“加入购物车”按钮，进行购买。

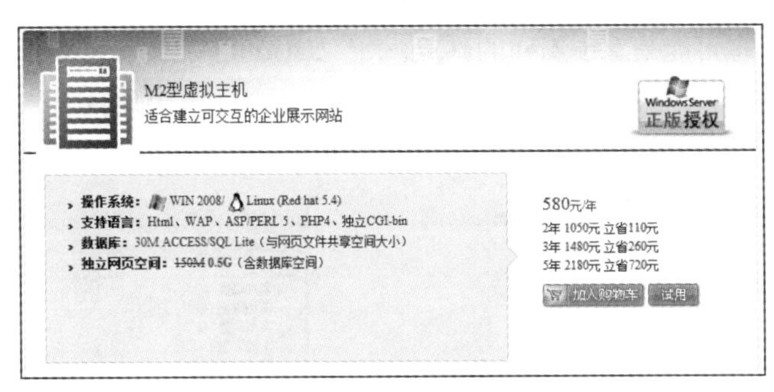

图10-22

STEP 04 虚拟主机申请成功，交费完成后，服务提供商会以电子邮件的方式，发给用户一些用于登录的内容，包括用户名、FTP服务器地址、FTP密码、网站管理服务器地址和网站管理密码。使用用户名、FTP服务器地址、FTP密码，可以上传文件，使用用户名、网站管理服务器地址和网站管理密码，可以进行后台文件的上传。

任务6　设置远程主机信息

任务背景

域名和空间申请完后就可以开始发布网站了，在发布网站之前需要进行远程主机信息的设置。

任务要求

通过本任务的学习，要求掌握普通站点远程信息的设置。

任务分析

远程信息设置主要包括主机FTP，登录用户名和密码等信息。

重点、难点

远程主机信息设置的内容和方法。

【技术要领】管理站点
【解决问题】远程主机信息设置
【应用领域】网站发布

任务详解

1. 新建“管理站点”

STEP 01 启动Dreamweaver CS6软件，执行“窗口”→“文件”命令，打开“文件”面板，如图10-23所示（注：此处打开的“文件”面板不一定显示的是“桌面”，可能是某个盘符，如“本地磁盘D：”；也可能是之前新建的站点，如“JzHtml”）。

STEP 02 单击“JzHtml”右侧的下拉按钮，在弹出的下拉菜单中执行“管理站点”命令，如图10-24所示，打开“管理站点”对话框，如图10-25所示。

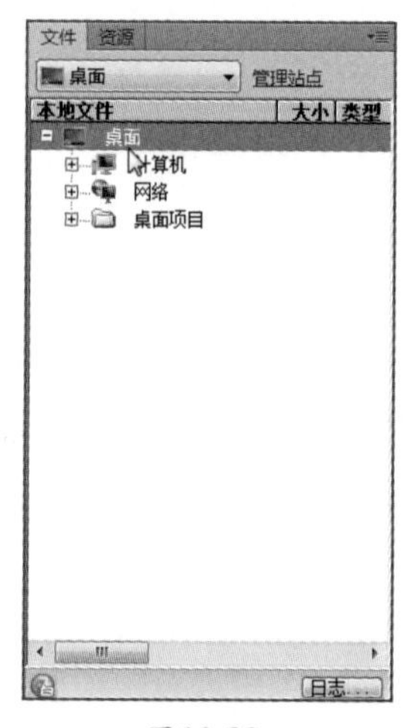

图10-23

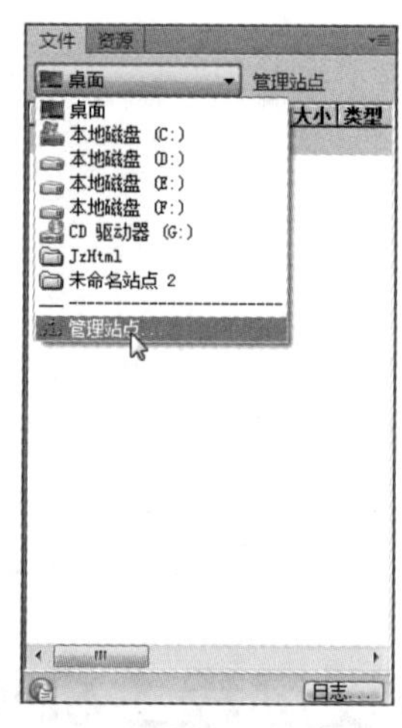

图10-24

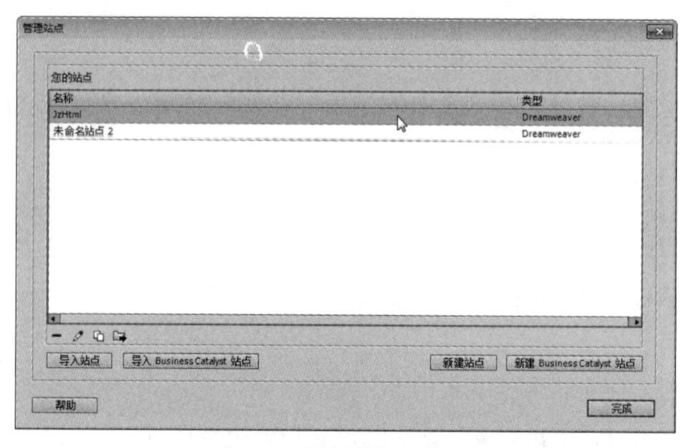

图10-25

2. 服务器信息设置

STEP 03 在“管理站点”对话框中直接双击“JzHtml”选项，打开“站点设置对象 JzHtml”对话框，选择“服务器”选项卡，单击➕按钮在弹出的对话框中，设置“服务器名称”为“jzhtml”，“连接方法”为FTP，设置FTP主机地址、登录名、密码等信息（该信息由虚拟主机提供），商提供如图10-26所示。

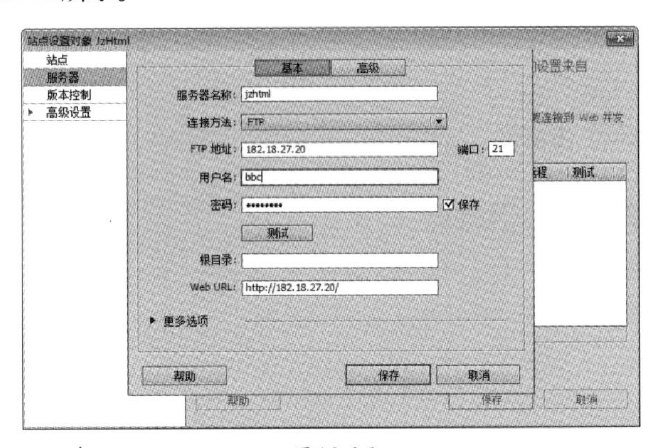

图10-26

STEP 04 单击“测试”按钮，确定与FTP服务器是否连通，当弹出“Dreamweaver 已成功连接您的Web服务器”时，表示连接已成功，如图10-27所示。

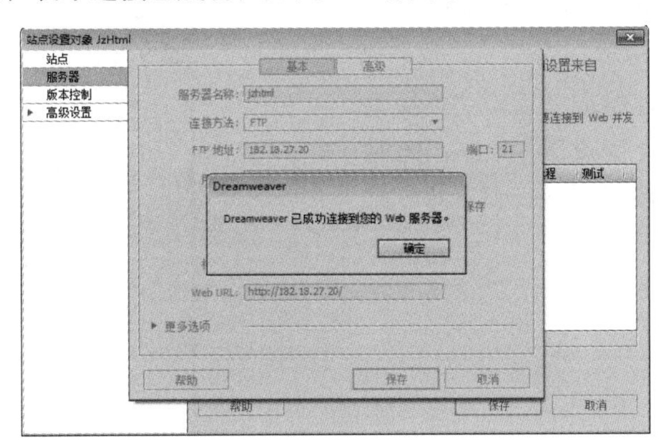

图10-27

STEP 05 单击“保存”按钮，设置完毕。

任务7　上传文件

任务背景

站点远程信息设置完毕后就可以开始上传网站了，现需把网站上传到申请的虚拟主机上。

任务要求

通过本任务的学习，要求掌握通过Dreamweaver CS6上传网站的方法，上传网站到申请的虚拟主机上。

任务分析

使用Dreamweaver CS6、IE浏览器或者专业FTP工具，都可以实现文件的上传。虚拟主机提供商告知上传“地址”、“用户名”和“密码”后，就可以上传文件了。

重点、难点

用Dreamweaver CS6上传网站。

【技术要领】 远程链接，上传站点
【解决问题】 上传网站文件
【应用领域】 网站发布

任务详解

STEP 01 在“文件”面板中单击“连接到远端主机”按钮，即可连接到设置的远程服务器上，如图10-28所示。

STEP 02 远程服务器连接成功后，“连接到远端服务器”按钮会变成状态，此时单击“上传文件”按钮就可以上传站点文件了。

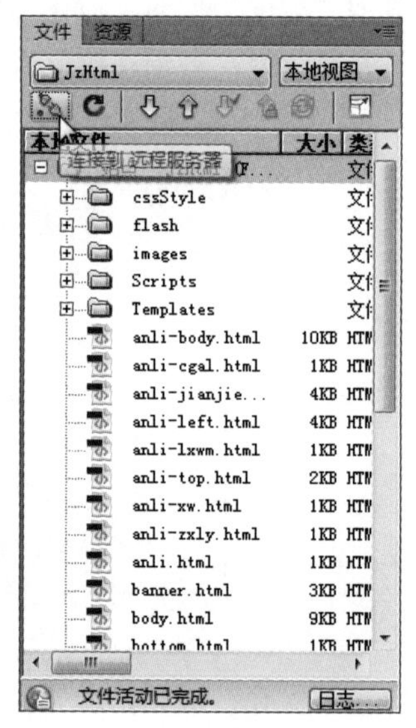

图10-28

Dw 知识点拓展

知识点1　域名

1. 域名的定义

网络是基于TCP/IP协议进行通信和连接的，每一台主机都有一个唯一的标识、固定的IP地址，以区别在网络上成千上万个用户和计算机。网络在区分所有与之相连的网络和主机时，均采用了一种唯一、通用的地址格式，即每一个与网络相连接的计算机和服务器都被指派了一个独一无二的地址。为了保证网络上每台计算机的IP地址的唯一性，必须向特定机构申请注册，该机构根据用户单位的网络规模和近期发展计划，分配IP地址。

域名所具备的网上“索引”功能特性，可为企业在互联网上招来商机、延伸品牌价值。在新经济时代，任何企业要想步入互联网都不能跨越拥有域名这个基础阶段，因此其重要的存在价值是毋庸置疑的。

网络中的地址方案分为两套：IP地址系统和域名地址系统。这两套地址系统实际上是一一对应的关系。IP地址用二进制数来表示，每个IP地址长32比特，由4个小于256的数字组成，数字之间用点间隔，例如，166.111.1.11就表示一个IP地址。由于IP地址是数字标识，使用时难以记忆和书写，因此在IP地址的基础上又发展出一种符号化的地址方案，来代替数字型的IP地址。每一个符号化的地址都与特定的IP地址对应，这样网络上的资源访问起来就容易得多了。这个与网络上的数字型IP地址相对应的字符型地址，就被称为域名。

2. 域名的构成

一个域名一般由英文字母和阿拉伯数字以及横线（-）组成，最长可达67个字符（包括后缀），并且字母的大小写没有区别，每个层次最长不能超过22个字母。这些符号构成了域名的前缀、主体和后缀部分，组合在一起构成一个完整的域名。

以一个常见的域名为例，域名www.baidu.com是由两部分组成，baidu是这个域名的主体，而最后的com则是该域名的后缀，代表这是一个国际域名。而前面的www.是域名baidu.com下名为www的主机名。

3. 域名的类型

域名有两种类型，即国际域名和国内域名。

国际域名（national top-lenel domain-names，iTDs），也

叫国际顶级域名。这也是使用最早并且使用最广泛的域名。例如，.com表示工商企业，.net表示网络提供商，.org表示非营利组织等。

国内域名（national top-lenel domainnames，nTLDs）又称为国内顶级域名，即按照国家的不同来分配不同的后缀，这些域名即为该国的国内顶级域名。目前200多个国家都按照ISO3166国家代码分配了顶级域名，例如，中国是cn，美国是us，日本是jp等。

在实际使用和功能上，国际域名与国内域名没有任何区别，都是互联网上的具有唯一性的标识。只是在最终管理机构上，国际域名由美国商业部授权的互联网名称与数字地址分配机构（The Internet Corporation for Assigned Names and Numbers，ICANN）负责注册和管理；而国内域名则由中国互联网络管理中心（China Internet Network Infomation Center，CNNIC）负责注册和管理。

提 示

好域名的特点：

- 短小精干。
- 容易记住。
- 容易拼写。
- 具有描述性。
- 有品牌效应。
- 不含有连字符。

4. 域名的级别

域名可分为不同级别，包括顶级域名、二级域名等。

顶级域名又分为两类：一是国家顶级域名，二是国际顶级域名。目前大多数域名争议都发生在.com的国际顶级域名下，因为多数公司上网的目的都是为了赢利。为加强域名管理，解决域名资源的紧张，Internet协会、Internet分址机构及世界知识产权组织（WIPO）等国际组织经过广泛协商，在原来3个国际通用顶级域名（com、net、org）的基础上，新增加了7个国际通用顶级域名：firm（公司企业）、store（销售公司或企业）、Web（突出WWW活动的单位）、arts（突出文化、娱乐活动的单位）、rec（突出消遣、娱乐活动的单位）、info（提供信息服务的单位）和nom（个人），并在世界范围内选择新的注册机构来受理域名注册申请。

二级域名是指顶级域名之下的域名，在国际顶级域名下，是指域名注册人的网上名称，如ibm、yahoo、microsoft等；在国家顶级域名下，是表示注册企业类别的符号，如com、edu、gov、net等。

三级域名用字母（A~Z、a~z、大小写等）、数字（0~9）和连接符（-）组成，各级域名之间用实点（.）连接，三级域名的长度不能超过20个字符。如无特殊原因，建议采用申请人的英文名（或者缩写）或者汉语拼音名（或者缩写）作为三级域名，以保持域名的清晰性和简洁性。

知识点2 虚拟主机

1. 虚拟主机

虚拟主机（Virtual Host Virtual Server）是指使用特殊的软硬件技术，把一台计算机主机分成多台“虚拟”的主机，每一台虚拟主机都具有独立的域名和IP地址（或共享的IP地址），且具有完整的Internet服务器功能。在同一台硬件、同一个操作系统上，运行着为多个用户打开的不同的服务器程序，互不干扰；而各个用户拥有自己的一部分系统资源（IP地址、文件存储空间、内存、CPU时间等）。虚拟主机之间完全独立，在外界看来，每一台虚拟主机和一台独立的主机的表现完全一样。

虚拟主机技术的出现，是对Internet技术的重大贡献，是广大Internet用户的福音。由于多台虚拟主机共享一台真实主机的资源，每个用户承受的硬件费用、网络维护费用、通信线路的费用均大幅度降低，使Internet真正成为人人用得起的网络。

2. 选择线路

目前，由于国内数据网络分别由两家公司运营，北方省市由中国网通运营，南方省市由中国电信运营，这导致了公司之间的网络带宽不够，出现了“南北互通不畅”的问题。因此，如果建立的网站主要是给南方的访问者浏览，就要选择使用中国电信线路的虚拟主机；反之，则选择中国网通线路的虚拟主机。当然，选择双线虚拟主机则更加稳妥，但价格也相对贵一些。

提 示

在选购虚拟主机时要考虑的主要参数如下：

- 空间的大小。
- 数据库大小和类型。
- 线路情况。
- IIS连接数。
- 每月的流量和带宽。

知识点3 域名和虚拟主机的关系

通常，第一次建立网站时，都会在一家公司注册域名和租用虚拟主机，但是如果使用了一段时间后，发现对速度或者服务不够满意，这时就可能需要更换虚拟主机的公司。但通常不需要转移域名的注册公司，只需要在其他公司租用一个新的虚拟主机，然后在原公司中把域名解析地址设置为新的虚拟主机IP地址就可以了。也就是说，域名和虚拟主机是可以分离的两个产品，可以在两个公司分别购买。

Dw 独立实践任务

任务8　精品课程网站测试和发布

任务背景

精品课程网站已经制作完毕，请对该网站进行整体测试，测试后根据测试结果，进一步修改网站，然后发布网站。

任务要求

完成精品课程网站测试和发布的整个过程。

【技术要领】链接检查，站点报告，浏览器兼容性，域名申请，虚拟主机申请，远程站点信息设置，文件上传

【解决问题】网站测试和发布的整个过程

【应用领域】网站测试发布

【素材来源】无

任务分析

主要制作步骤

Dw 职业技能考核

一、选择题

1. 在Dreamweaver CS6中进行孤立文件的检查，必须将检查范围设定为（　　），检查报告中才会包含数据。

A. 单个页面　　B. 一个文件夹

C. 整个站点　　D. 一个文件夹或整个站点

2. 若要使访问者无法在浏览器中通过拖拽边框来调整框架大小，则应在框架的属性面板中设置（　　）。

A. 将“滚动”设为“否”

B. 将“边框”设为“否”

C. 选中“不能调整大小”

D. 设置“边界宽度”和“边界高度”

3. 若框架集中的多个框架采用了不同的单位来设置框架大小，则（　　）单位最先被浏览器分配屏幕空间。

A. 像素　　B. 百分比

C. 相对　　D. 无先后顺序

二、填空题

1. 域名基本类型包括__________和__________。

2. 域名与IP地址之间是一一对应的，这两者之间的转换工作就是__________。

3. 上传网站前应该做的准备工作是__________和申请网站空间。

4. 企业在选择网站维护方式时需要考虑的要素包括维护成本、_________和_________等。

5. 域名是由一串用“__________”分隔的名字组成的Internet上某一台计算机或计算机组的名称，用于在数据传输时标识计算机的电子方位。

10

学习心得